**Harshit Mittal**
**Omkar Kushwaha**
**Shri Kishan Mittal**

# Aumento da escala industrial de ventiladores e compressores ecológicos

Harshit Mittal
Omkar Kushwaha
Shri Kishan Mittal

# Aumento da escala industrial de ventiladores e compressores ecológicos

**Um roteiro para sopradores e compressores sustentáveis para aplicações multidisciplinares com vista ao cumprimento dos Objectivos de Desenvolvimento Sustentável das Nações Unidas**

ScienciaScripts

**Imprint**
Any brand names and product names mentioned in this book are subject to trademark, brand or patent protection and are trademarks or registered trademarks of their respective holders. The use of brand names, product names, common names, trade names, product descriptions etc. even without a particular marking in this work is in no way to be construed to mean that such names may be regarded as unrestricted in respect of trademark and brand protection legislation and could thus be used by anyone.

Cover image: www.ingimage.com

This book is a translation from the original published under ISBN 978-620-7-63982-3.

Publisher:
Sciencia Scripts
is a trademark of
Dodo Books Indian Ocean Ltd. and OmniScriptum S.R.L publishing group

120 High Road, East Finchley, London, N2 9ED, United Kingdom
Str. Armeneasca 28/1, office 1, Chisinau MD-2012, Republic of Moldova, Europe
Printed at: see last page
**ISBN: 978-620-7-62824-7**

# Aumento da escala industrial de ventiladores e compressores ecológicos

Um roteiro para sopradores e compressores sustentáveis para aplicações multidisciplinares com vista ao cumprimento dos Objectivos de Desenvolvimento Sustentável das Nações Unidas

**Agradecimentos**

*Este livro foi um projeto ambicioso que exigiu muita resistência física e mental. Exigiu um conhecimento profundo dos aspectos de engenharia, dos fundamentos da ciência, do desenvolvimento de processos e da economia. Além disso, sendo o primeiro projeto multidisciplinar a longo prazo, os autores necessitaram de um empenho incondicional, motivação e dedicação para se manterem fortes contra todas as probabilidades. Sem dúvida, este projeto não teria sido uma realidade sem a confiança, o amor incondicional, a liberdade, o apoio e os sacrifícios financeiros dos membros da família.*

*Gostaríamos também de agradecer a Shri SK Mittal, um grande visionário, administrador da Fundação de Investigação MOKSH e coautor deste livro, pelo seu apoio inabalável, orientação e ideias esclarecedoras sob a forma de experiência industrial e empreendedorismo, que aceleraram o projeto e nos motivaram intelectualmente a todos.*

*Nesta ocasião, os autores gostariam de agradecer aos pais, professores, mentores e simpatizantes pelo apoio inabalável e pela confiança nos seus esforços de investigação e no seu percurso atual. Além disso, não teria sido possível sem a existência das criaturas limitadoras cujas acções e actividades sempre alimentaram e motivaram os autores como tudo o resto.*

*Harshit Mittal e Omkar Singh Kushwaha gostariam de agradecer ao Instituto Indiano de Tecnologia de Madras e à Universidade Guru Gobind Singh Indraprastha por proporcionarem um ambiente de investigação saudável e as instalações necessárias para a realização deste projeto.*

# Prefácio

*Ao procurar obter sopradores e compressores sustentáveis, os autores querem deixar uma nota de apreço aos leitores. Neste livro, abordámos uma mentalidade de investigação vintage para escrever este projeto sem utilizar inteligência artificial, ferramentas gramaticais, parafraseamento, etc. Não aprofundámos os fundamentos básicos dos ventiladores e esperamos que os leitores passem primeiro por esses princípios. Desde a redução da pegada de carbono até ao aumento da eficiência operacional, eficácia e desempenho, a evolução histórica dos sopradores e compressores foi interligada com indústrias que se harmonizaram com a natureza.*

*A principal razão para a escolha deste tema para o nosso livro é a sua exigente novidade e necessidade no mundo atual. Com as crescentes preocupações globais sobre as alterações climáticas, a procura de energia, as emissões e as políticas de descarbonização, tornou-se essencial para todas as indústrias adaptarem-se rapidamente e equiparem-se com máquinas energeticamente eficientes. Devido à eficácia dos recursos energéticos convencionais existentes, são necessários ventiladores e compressores ecológicos em grande escala para aumentar a poupança de energia. Os ventiladores, sopradores e compressores são concebidos para fornecer misturas de ar e gás a pressões relativamente mais elevadas e manter o caudal desejado em comparação com os recursos convencionais.*

*A diferenciação e a categorização dos sopradores e compressores baseiam-se geralmente no aumento da pressão, na pressão de trabalho, nas velocidades específicas, no consumo de energia e na conceção mecânica. Este livro aborda o significado dos sopradores, a aerodinâmica geométrica e os parâmetros de funcionamento. Este livro explora ainda o roteiro histórico das turbomáquinas para converter os sopradores e compressores convencionais em sopradores e compressores ecológicos.*

*Para promover os Objectivos de Desenvolvimento Sustentável das Nações Unidas (UNSDG-17), a realização, a eficiência e o aumento da escala industrial dos sopradores e compressores de grande escala devem ser improvisados para se adaptarem ao cenário económico, socioeconómico, de viabilidade de implementação ao nível do solo, de sustentabilidade (verde) e geopolítico crítico.*

*Convidamos todos os leitores a juntarem-se a nós na viagem de descoberta dos desenvolvimentos necessários, tecnologias, sustentabilidade e progresso neste vasto campo de investigação e a mergulharem profundamente nas possibilidades ilimitadas necessárias no mundo dos sopradores e compressores, utilizando as figuras, tabelas, ilustrações e referências equipadas no interior do livro. Esperamos que os leitores explorem o livro com uma mente aberta e, para quaisquer questões, colaborações ou ligações, não hesitem em contactar-nos.*

*Espero uma leitura construtiva e uma experiência enriquecedora.*

*Com os melhores cumprimentos,*

*Dr. Omkar Singh Kushwaha*
*Departamento de Engenharia Química e Consórcio de Energia, Instituto Indiano de Tecnologia, Madras*
*Chennai, Índia*

*Harshit Mittal*

*Escola Universitária de Tecnologia Química, Universidade Guru Gobind Singh Indraprastha*

*Nova Deli, Índia*

<u>*Shri Kishan Mittal*</u>

# Índice

# 1. Introdução

Para otimizar o consumo de energia, as instalações petrolíferas e químicas das indústrias e organizações comerciais podem reduzir eficazmente as perdas durante as operações térmicas, eléctricas e mecânicas dos seus equipamentos. Este objetivo pode ser alcançado através da utilização de medidas destinadas a minimizar as perdas. No contexto de equipamentos rotativos, incluindo bombas, ventiladores, compressores e sopradores, observa-se que alguns componentes, tais como válvulas de estrangulamento, amortecedores e palhetas de orientação ajustáveis, resultam na dissipação de energia mecânica ou de fluxo de fluido. A velocidade ajustável é uma propriedade que está a ser cada vez mais utilizada em vários contextos, como a redução de perdas em processos industriais, ensaios laboratoriais e estudos de simulação (Hamadeh et al., 2020; Manna et al., 2021; Mittal & Kushwaha, 2024; Olajire, 2013; Singh & Kushwaha, 2013a, 2013b). Muitas medidas de poupança de energia térmica e eléctrica são implementadas em refinarias, petroquímicas e instalações químicas. A conservação de combustível foi a principal razão pela qual a energia foi conservada após a primeira crise do petróleo.

Para muitos processos industriais e aplicações de engenharia aplicada, os compressores de ar de baixa pressão - frequentemente sopradores dinâmicos - são indispensáveis. Os ventiladores dinâmicos fornecem ar isento de óleo a pressões superiores às dos ventiladores mas inferiores às dos compressores de ar normais, ocupando o espaço deixado pelos ventiladores convencionais ou pelos compressores de alta pressão (Baloni et al., 2018; Chovet et al., 2016; Embleton, 1963; Hickok, 1985; Mahdavian et al., 2012; Mimmi & Pennacchi, 2001; Sreekanth et al., 2021b). Devido à sua economia de energia, versatilidade, baixos requisitos de manutenção, fornecimento de ar isento de óleo para processos delicados e gamas de funcionamento que permitem múltiplas aplicações, os sopradores dinâmicos são frequentemente considerados a alternativa moderna e sustentável aos sopradores convencionais. As características únicas dos sobrepressores dinâmicos diferenciam-nos dos sobrepressores de deslocamento positivo, principalmente devido ao papel da conversão de energia cinética nas operações dos sobrepressores dinâmicos (Amerlinck et al., 2016; Charapale & Mathew, 2018; Chovet et al., 2016). A classificação dos sopradores dinâmicos com base nas características físicas pode ser efectuada através de sopradores centrífugos, axiais e de fluxo misto. Os sopradores dinâmicos apresentam uma eficiência adiabática, que pode ser utilizada como estratégia para melhorar a eficiência e o desempenho globais dos sopradores dinâmicos. Os sopradores dinâmicos também podem ser objeto de estratégias, equilibrando as exigências do caudal de ar e o consumo de energia, o que pode melhorar o desempenho e a eficiência para várias cargas (Jeong et al., 2017; Mashiyane et al., 2022, Blower et al., 1995). **A Figura 1** demonstra a classificação dos ventiladores dinâmicos com base nos ventiladores dinâmicos (Blower et al., 1995; Meyer et al., 2015).

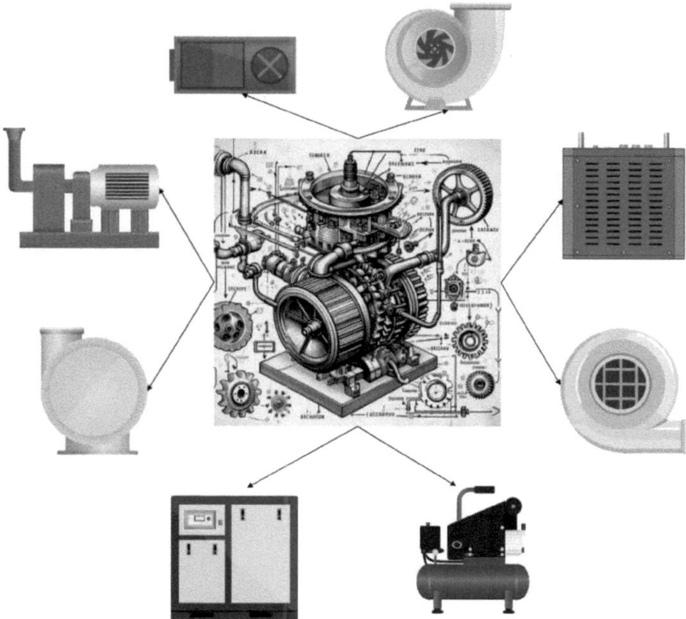


**Figura 1:** Classificação dos ventiladores dinâmicos com base nos ventiladores e compressores convencionais (Blower et al., 1995; Meyer et al., 2015).

Devido ao bom desempenho da operação e à diminuição da procura de petróleo, o fator de utilização da capacidade da fábrica sofreu um declínio de 90-95% para aproximadamente 65%. Quando uma refinaria regista uma quantidade significativa de perdas fixas regulares, a sua eficiência operacional é consideravelmente reduzida quando sofre uma diminuição da produção. A identificação e a atenuação das perdas de energia assumem uma importância acrescida num cenário competitivo caracterizado pela redução da procura, uma vez que é imperativo restabelecer condições de funcionamento que permitam uma maior rentabilidade (Hablanian, 1990). Desde o início da crise petrolífera em 1972, as refinarias conseguiram uma redução notável do consumo de energia associado à conversão de um barril de petróleo em vários produtos, com uma diminuição média de quase 30% (Aiyer et al., 2016, 2019; Kushwaha O.S et al., 2014; P. Singh & S. Kushwaha, 2017; S. Kushwaha et al., 2014).

As aplicações significativas dos ventiladores dinâmicos nas ciências físicas são os processos industriais, a recuperação de energia e a sustentabilidade. Para essas aplicações, vários métodos de manutenção e de resolução de problemas envolvem medidas preventivas e questões conjuntas, incluindo desequilíbrios, desgaste, resolução de problemas de ruídos anormais, redução do desempenho e danos no impulsor (Blower & Chou, 2004; Meyer et al., 2015). Este capítulo explora o fascinante domínio dos ventiladores dinâmicos, incluindo as suas aplicações, tecnologias e impacto na produtividade industrial. Para estes sopradores modernizados, existem várias perspectivas futuras através das quais os sopradores dinâmicos podem tornar-se mais eficientes e sustentáveis. Essas perspectivas envolvem a digitalização, a integração da Internet das Coisas, os materiais e os avanços na conceção (Blower & Chou, 2004; Supervie et al., 2011).

Para compreender as lacunas de investigação no domínio dos sopradores e compressores, especialmente no que se refere aos sopradores dinâmicos, é altamente exigente compreender a investigação comparativa atual sobre sopradores e compressores e sopradores dinâmicos. **As Figuras 2 e 3** apresentam o número comparativo de publicações efectuadas sobre sopradores e compressores e sopradores dinâmicos entre 2000 e 2024, de modo a obter uma visão geral da colmatação da lacuna necessária para a obtenção de sopradores sustentáveis e eficientes (Ashok et al., 2019; Baloni et al., 2015; Blower et al., 1995; Kresse & Hafner, 1993; Li et al., 2018; Mashiyane et al., 2022; Mehta, 1979; Meyer et al., 2015). Embora as reduções de custos associadas a muitas medidas de poupança de energia possam ser mínimas, numerosas técnicas podem produzir poupanças significativas. Quando se tem de selecionar entre várias opções de controlo e velocidade variável, é imperativo realizar um estudo exaustivo da aplicação específica e efetuar cálculos para determinar as potenciais poupanças de custos associadas aos condutores, ao equipamento rotativo acionado e a outras vantagens suplementares. A utilização da velocidade ajustável é uma metodologia altamente vantajosa nos esforços contemporâneos para encontrar e atenuar as ineficiências energéticas (Charapale & Mathew, 2018; Mittal & Kushwaha, 2024a, 2024b; Mondal et al., 2019, 2021).

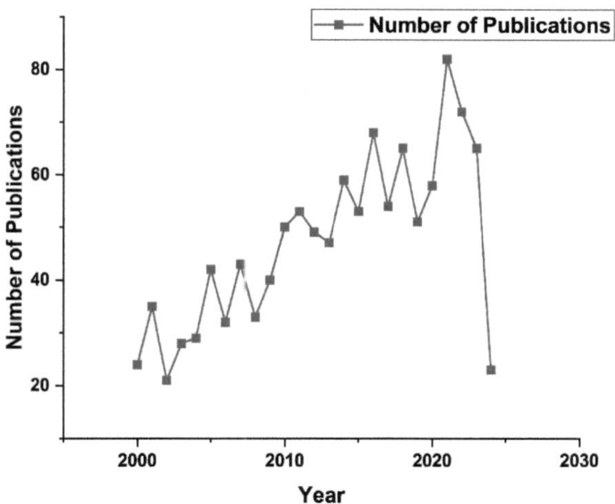


**Figura 2:** Actividades de investigação e desenvolvimento para sopradores e compressores (Ashok et al., 2019; Baloni et al., 2015; Blower et al., 1995; Kresse & Hafner, 1993; Li et al., 2018; Mashiyane et al., 2022; Mehta, 1979; Meyer et al., 2015).

Embora haja uma propensão para dar prioridade a projectos de grande escala para a poupança de energia, vale a pena notar que várias medidas de menor dimensão podem contribuir para este objetivo (Mehta, 1979). O potencial de poupança de energia em vários cenários pode ser observado através de uma auditoria energética, destacando a eficácia das velocidades ajustáveis em compressores e sopradores de processo. Depois de examinar a literatura existente sobre sopradores e compressores sustentáveis, é desconcertante notar que apenas um número limitado de 80 publicações foi dedicado a este tópico. Este facto indica que existe uma margem significativa para mais investigação e desenvolvimento, particularmente no que diz respeito a compressores e ventiladores sustentáveis e amigos do ambiente para escalonamento industrial, conforme ilustrado na **Figura 3**.

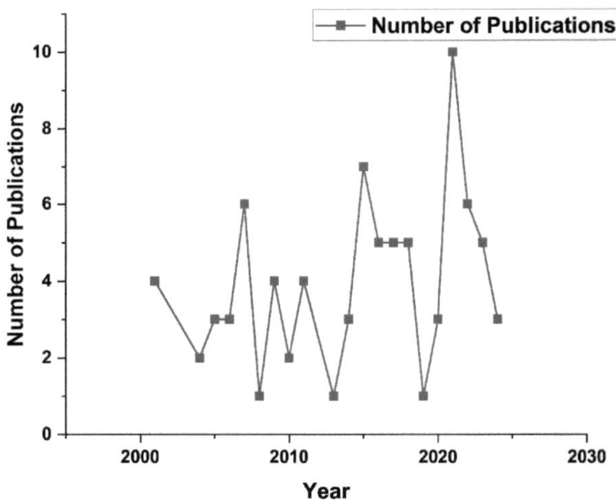


**Figura 3:** Actividades de investigação e desenvolvimento para sopradores e compressores dinâmicos (Ashok et al., 2019; Baloni et al., 2015; Blower et al., 1995; Kresse & Hafner, 1993).

Apesar de terem uma longa presença histórica, as turbomáquinas de fluxo regenerativo não têm recebido muita atenção nos atributos de investigação e desenvolvimento. Existem vários factores subjacentes a essa menor contribuição para as turbomáquinas de fluxo regenerativo, o que implica aplicações de nicho, baixa eficiência isotérmica, complexidades teóricas, menos dados experimentais, concepções mais simples e eficiências mais baixas (Cattanei et al., 2021; Li et al., 2018; Mittal et al., 2024; Sreekanth et al., 2021c). As turbomáquinas de fluxo regenerativo contribuem diretamente para os sopradores e compressores ecológicos devido às melhorias de eficiência, ao baixo impacto ambiental e à integração com as energias renováveis. Embora os RFTs tenham uma longa história, a sua otimização e relevância para os sistemas de energia verde estão a ganhar atenção. À medida que o mundo procura soluções energéticas mais limpas, os RFTs podem desempenhar um papel fundamental na concretização dos objectivos de sustentabilidade.

Existem várias lacunas de investigação que são claramente evidentes na **Figura 3**; essas lacunas incluem lacunas teóricas, lacunas empíricas, lacunas tecnológicas, lacunas económicas e lacunas à escala industrial. Todas as lacunas poderiam ser condensadas em três componentes essenciais, cuja base, após investigação mais aprofundada, poderia colmatar as actuais lacunas de investigação exigentes. Estes componentes essenciais incluem a melhoria da eficiência, da eficácia, do desempenho, dos parâmetros sustentáveis e da acessibilidade económica.

## 1.1 Sopradores

Um dispositivo que gera um gás ou um fluxo de ar a uma pressão moderada é normalmente designado por ventilador. O dispositivo utiliza um rotor ou impulsor rotativo para gerar energia cinética que é subsequentemente transformada em energia de pressão. Os ventiladores são normalmente utilizados em operações industriais, sistemas de aquecimento, ventilação e ar condicionado (AVAC) e sistemas de ventilação que necessitam de caudais e pressões moderados. Um soprador é um dispositivo mecânico que amplifica a força e a velocidade dos gases para os expulsar (Zolkowski &

Glapinski, 2018a). São utilizados para soprar ar para ventilação de exaustão ou refrigeração e variam em tamanho, desde os enormes sopradores utilizados em aplicações como equipamentos de produção e salas limpas até aos pequenos sopradores incorporados em dispositivos como electrodomésticos ou computadores pessoais.

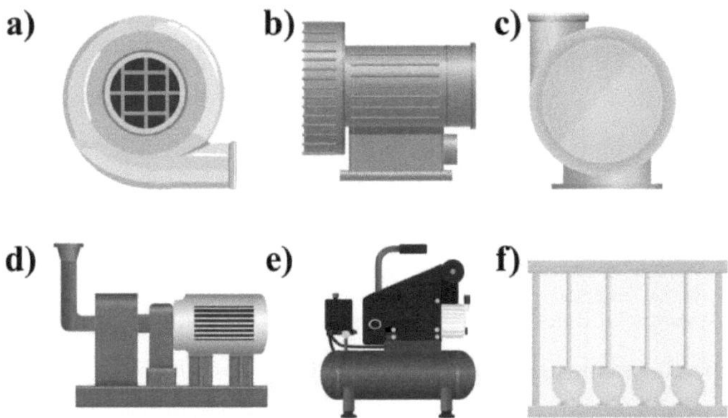

**Figura 4:** Tipos modernos e convencionais de sopradores utilizados na indústria e em casa.

a) Ventilador 3-D ISA

b) Ventilador industrial PID

c) Desclassificação do soprador industrial

d) Soprador de ar centrífugo

e) Soprador de ar

f) Sala do ventilador

Historicamente, os foles utilizados para fornecer ar durante a fundição de ferro foram dos primeiros sopradores. Tanto a literatura chinesa como a romana antiga fazem referência a estes foles. Os foles eram inicialmente accionados à mão, mas mais tarde sofreram melhorias, como a energia hidráulica, que lhes permitiu tornarem-se uma forma altamente eficaz de fornecer ar. Nos últimos tempos, a introdução de fontes de energia suplementares, como a eletricidade e o vapor, catalisou o desenvolvimento de uma gama diversificada de dispositivos pneumáticos movidos a ar comprimido. Dois exemplos de aplicações podem ser observados na ativação e desativação de portas automáticas, bem como na utilização de travões pneumáticos em locomotivas a vapor. Os sopradores e compressores têm aplicações em várias indústrias e são incorporados em máquinas para selecionar, transportar, processar, montar e embalar (Kushwaha et al., 2014, 2015; Uthayakumar et al., 2022; Vittorini & Cipollone, 2016a). Além disso, estes componentes podem ser encontrados em electrodomésticos e sistemas informáticos, contribuindo para melhorar as capacidades de desempenho e o design compacto. **A Figura 4** apresenta variações contemporâneas e tradicionais de ventiladores residenciais e industriais.


## 1.2 Compressores

Um compressor é uma ferramenta utilizada para aumentar a pressão do ar ou de outros gases acima da pressão atmosférica. Aumenta a pressão do ar extraído, comprimindo-o. Numerosas indústrias utilizam compressores, incluindo os sectores automóvel, alimentar, energético, vidreiro, têxtil, químico, petroquímico e alimentar (Vittorini & Cipollone, 2016a).

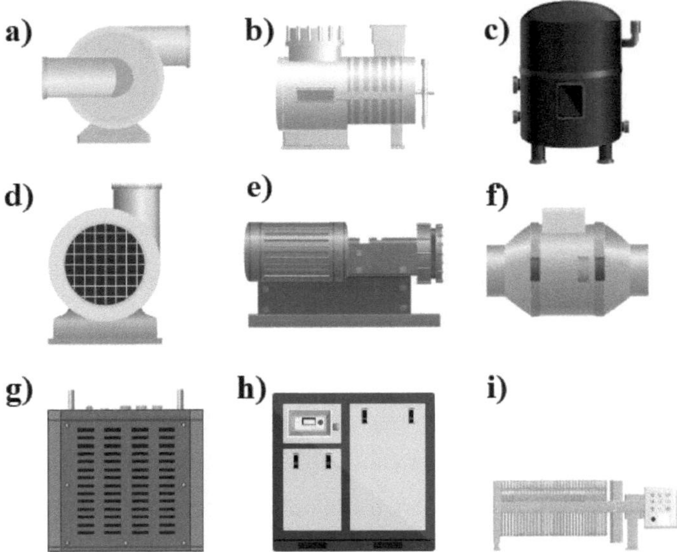

**Figura 5:** Representação pictórica dos compressores utilizados no aumento de escala industrial.

a,f&i) unidade de compressão de laboratório

b&c) Compressor industrial PID

d) Compressor industrial

e&g) Unidade de compressor de AVAC

h) sala dos compressores

Dependendo da abordagem, existem dois tipos de compressores: turbo e de deslocamento positivo. A ideia subjacente aos compressores de deslocamento positivo é comprimir o ar até um volume específico para aumentar a pressão. Estes compressores são classificados em diferentes tipos com base nas formas ou números dos seus corpos: rotor, pistão e cilindro. Os outros operam com base no princípio de que a pressão é produzida primeiro desacelerando o ar depois de as turbinas o terem acelerado. A representação pictórica dos compressores modernos é mostrada na **Figura 5.**

Os compressores podem ser facilmente divididos em seis tipos, como mostra a **Figura 6.**

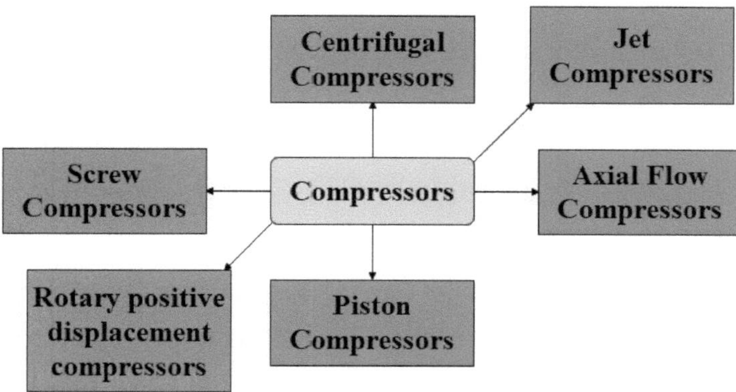


**Figura 6:** Uma infografia que ilustra a classificação dos compressores de acordo com a sua utilização industrial.

## 2. Classificação dos sopradores com base na dinâmica

### 2.1 Sopradores centrífugos

Um aparelho utilizado para transportar ar ou outros gases radialmente para fora do centro de rotação é designado por soprador centrífugo, por vezes designado por ventilador centrífugo. Os ventiladores centrífugos também têm vários componentes principais, incluindo o impulsor, a caixa, as aberturas de entrada e saída, os motores de indução e os rolamentos. Com base em sistemas de alta pressão e AVAC (Aquecimento, Ventilação e Ar Condicionado), estes ventiladores podem ser classificados como ventiladores centrífugos de pás para a frente, para trás e radiais (B. Zhang et al., 2011). Os ventiladores centrífugos conduzem o ar num ângulo reto em relação à entrada, ao contrário dos ventiladores axiais, que conduzem o fluxo de ar paralelamente ao eixo do ventilador. Os sopradores centrífugos são máquinas potentes que impulsionam o fluxo de ar numa variedade de sectores. A sua capacidade de distribuir eficazmente o ar a uma pressão constante torna-os essenciais para sistemas de controlo ambiental e processos industriais. Os sopradores centrífugos são necessários para muitos sistemas modernos, incluindo sistemas de ventilação, fabrico e controlo da poluição. Os sopradores centrífugos também têm vários desafios, que envolvem projectos de pás, pressão de equilíbrio, aumento de ruído, desgaste e desequilíbrios (Embleton, 1963).

Os Sopradores Centrífugos também proporcionam vantagens económicas que envolvem fiabilidade, poupança de energia e otimização de processos multidisciplinares. Esses sopradores também desempenham um papel essencial na modernização e alternância das operações industriais, equilibrando o desempenho e a acessibilidade dos parâmetros de custo. Devido aos regulamentos rigorosos impostos pelo governo e ao alinhamento do Acordo de Paris e dos Objectivos de Desenvolvimento Sustentável para as emissões, os sopradores centrífugos desempenham um papel imperativo em comparação com os sopradores convencionais. Quando o crescimento atual do mercado de sopradores centrífugos é analisado, foi conclusivamente afirmado que o mercado está a crescer a uma taxa de crescimento anual composta de 3,5%. Prevê-se que o mercado cresça de 3,1 mil milhões de dólares em 2023 para 4,3 mil milhões de dólares em 2032 (Baloni et al., 2015, 2018; Embleton, 1963; Falcone et al., 2021; Horowitz, 2016; Østergaard et al., 2020; Salvi & Subramanian, 2015; Savaresi, 2016; B. Zhang et al., 2011). A análise infográfica abrangente dos sopradores centrífugos é apresentada na **Figura 7** (Baloni et al., 2015, 2018; Embleton, 1963; Mittal & Kushwaha, 2024b).

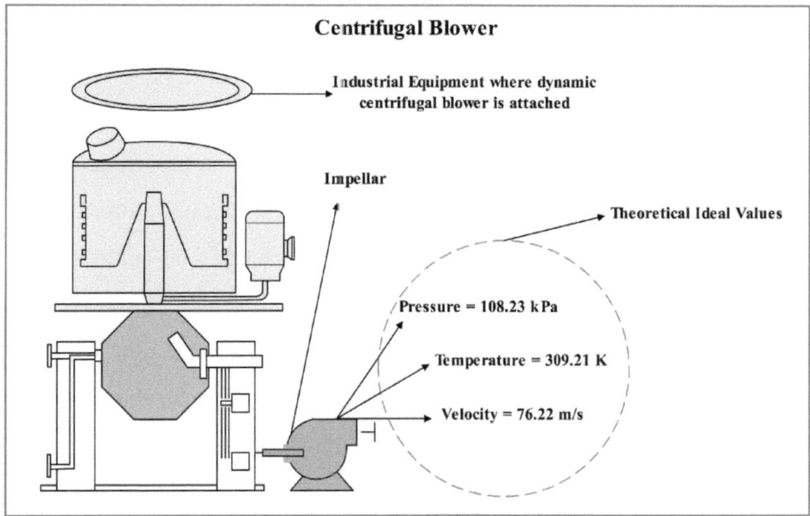


**Figura 7:** Representação infográfico de **sopradores** dinâmicos (Baloni et al., 2015, 2018; Embleton, 1963; Falcone et al., 2021; Horowitz, 2016; Østergaard et al., 2020; Salvi & Subramanian, 2015; Savaresi, 2016; B. Zhang et al., 2011).

## 2.2 Sopradores de fluxo axial

Estes aparelhos mecânicos fazem girar o ar perpendicularmente ao eixo do ventilador. São constituídos por pás em forma de hélice centradas num cubo. Com pressões baixas a moderadas, a hélice rotativa produz um elevado volume de caudal de ar (Li et al., 2018). Os sopradores de fluxo axial são utilizados em muitos domínios, como a circulação de ar, aplicações agrícolas, ventilação de exaustão e arrefecimento de componentes electrónicos. Para além de ajudarem na secagem de culturas e na ventilação de estufas, os sopradores de fluxo axial são utilizados em ambientes industriais para remover poluentes e gases, manter um fluxo de ar consistente em edifícios, túneis e indústrias e dissipar o calor de componentes electrónicos (Cattanei et al., 2021). Uma vez que os ventiladores de fluxo axial são mais pequenos, menos dispendiosos, mais fáceis de instalar e têm um fluxo mais considerável do que os ventiladores centrífugos, encontram-se frequentemente em compressores de ar, aparelhos de ar condicionado, ferramentas eléctricas e outras indústrias. Os projectistas estão a prestar cada vez mais atenção às melhorias de eficiência, à medida que aumentam as preocupações das pessoas com a preservação do ambiente e a conservação de energia. As técnicas de conceção convencionais requerem tempo e esforço para avaliar a viabilidade do conceito através de experiências (Hu et al., 2018). Os avanços na dinâmica de fluidos computacional (CFD) e na aeroacústica computacional (CAA) permitiram que a simulação numérica analisasse e previsse com precisão o fluxo e os campos sonoros. **A figura 8** mostra a representação estrutural de processos de sopradores de caudal axial para produção industrial (Cattanei et al., 2021; Hu et al., 2018; Li et al., 2018).

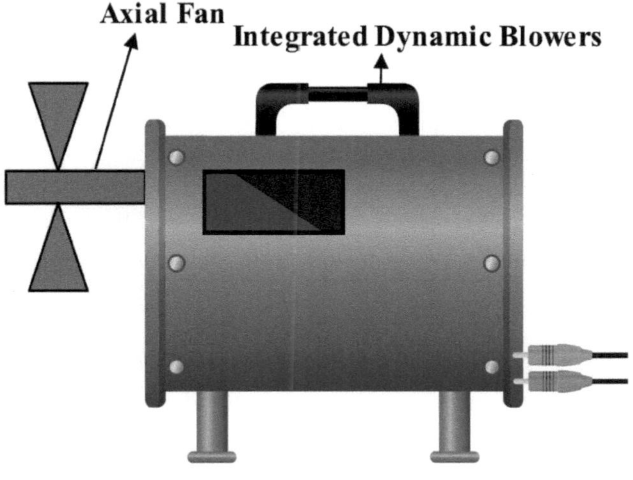


**Figura 8:** Representação estrutural de sopradores dinâmicos de fluxo axial (Cattanei et al., 2021; Hu et al., 2018; Li et al., 2018).


As indústrias de tratamento de águas residuais, petroquímica, cervejeira e de processamento de hidrocarbonetos estão entre os sectores que utilizam reactores de fluxo axial (Aydin et al., 2021; Deblonde et al., 2011; Gattrell et al., 2006; Hamadeh et al., 2020; Manna et al., 2021; Peterson et al., 2010; Sun et al., 2014; Vinayagam et al., 2022). A sua capacidade de maximizar o rendimento, a seletividade e a qualidade do produto tem um impacto económico. Em conclusão, os reactores de fluxo axial harmonizam acessibilidade, adaptabilidade e eficiência. Uma estrutura simples e menos componentes internos facilitam a manutenção. A longevidade reduz os custos de substituição e de inatividade. Estes ventiladores continuam a mudar o panorama da produção química à medida que a indústria procura alternativas amigas do ambiente e financeiramente viáveis.

## 2.3 Sopradores **de fluxo misto**

Os sopradores de fluxo misto são cruciais para aplicações industriais, aeroespaciais e de defesa, pois equilibram desempenho, eficiência e redução de ruído. Em geral, os sopradores de fluxo misto são mais silenciosos do que os produtos axiais correspondentes. Eles são valiosos porque são apropriados para aeronaves minúsculas e condições de cabine. Eles preenchem o vazio de desempenho que existe entre os sopradores centrífugos e axiais. Os ventiladores de caudal misto fornecem volumes de caudal de ar mais elevados e pressões moderadas. O design da turbina dos ventiladores de fluxo misto combina características de fluxo radial e axial. A direção axial do fluxo de ar é mantida enquanto as pás se curvam de forma semelhante às dos ventiladores centrífugos (Mondal et al., 2019). As aplicações dos ventiladores de fluxo misto na refrigeração aeroespacial, de defesa e aviónica são interdisciplinares.

O aumento de escala industrial significa passar do fabrico à escala real para protótipos à escala laboratorial de sopradores de fluxo misto (Mondal et al., 2021). Um aumento de escala industrial bem sucedido requer um plano bem pensado que inclua tudo, desde a análise de custos e produção eficiente até à melhoria do design. Quando adequadamente dimensionados, os sopradores de fluxo misto ajudam no tratamento eficiente do ar em várias aplicações. Alguns elementos cruciais a considerar são a otimização da conceção, a seleção de materiais, os procedimentos de fabrico, os ensaios e a validação, a gestão da cadeia de abastecimento, a análise de custos, a instalação e a colocação em funcionamento, a avaliação do ciclo de vida e a monitorização operacional (Mondal et al., 2019, 2021).

## 3. Eficiência, eficácia e desempenho dos sopradores dinâmicos

### 3.1 Eficiência em sopradores dinâmicos

A eficiência dos ventiladores dinâmicos tem vários aspectos, que envolvem a energia cinética, a gama de funcionamento, o funcionamento sem óleo e o mecanismo de arrefecimento. Os ventiladores dinâmicos ajudam a somar energia cinética às moléculas de ar (principalmente azoto e oxigénio) (Hatti et al., 2009; Meyer et al., 2015; Yin & Pate, 2019). Através dessa soma, a energia cinética é convertida em energia estática e energia pressurizada. Através destes processos, a eficiência causa um aumento e minimiza as perdas globais de energia. A principal gama de funcionamento dos ventiladores dinâmicos para obter a máxima eficiência é ampla para variações significativas de caudais, energias estáticas e pressões variáveis. Os ventiladores dinâmicos não necessitam de lubrificação para um fornecimento de ar suave e limpo, isento de óleo. Para uma maior eficiência, os mecanismos de arrefecimento são altamente exigentes; para tal, o arrefecimento ocorre com a ajuda de uma passagem de ar, o que aumenta a eficiência global (Aneke & Wang, 2015; K. Chang et al., 2016; Hickok, 1985; Mittal & Singh Kushwaha, n.d.; Ouyang et al., 2014).


### 3.2 Eficácia dos sopradores dinâmicos

À semelhança da eficiência dos ventiladores dinâmicos, a eficácia é um parâmetro importante para os ventiladores dinâmicos. Estes consistem no desempenho do processo, na valorização dos resíduos e na fiabilidade. O desempenho do processo inclui o arejamento, o transporte pneumático e o sistema de ventilação (Terrell, 1999). No que diz respeito ao arejamento, os ventiladores dinâmicos são utilizados no tratamento de águas residuais para o fornecimento de oxigénio, tendo também outras aplicações multidisciplinares que envolvem o transporte eficiente de materiais a granel e a garantia de um fluxo de ar consistente em edifícios e túneis. Os ventiladores dinâmicos ajudam a remediar o lixo, ao mesmo tempo que produzem energia. O seu funcionamento sem óleo e a sua conceção simples aumentam a fiabilidade (K.-H. Chang et al., 2022; Dahl, 2021; Mascarenhas et al., 2019; Vittorini & Cipollone, 2016b).

## 4. Aplicações em sopradores dinâmicos

Com base nos desempenhos e eficiências dos ventiladores dinâmicos, estes apresentam diversas aplicações no tratamento de águas residuais, transporte pneumático, sistemas de ventilação, refrigeração e troca de calor, circulação de gás, aeração, controlo da poluição e recuperação de energia. Devido à sua versatilidade, ao aumento da eficiência, à qualidade do ar e ao desempenho do processo, os ventiladores dinâmicos têm um grande número de aplicações em aspectos industriais e ambientais.

### 4.1 Tratamento de águas residuais e controlo da poluição

Os ventiladores dinâmicos têm um papel exigente nos sistemas de arejamento que são necessários nas estações de tratamento de águas residuais. Estas estações de tratamento de águas residuais são auxiliadas através do fornecimento de oxigénio aos processos biológicos (Aydın & İlkılıç, 2017; Haan, 2001; Saleem et al., 2022). Isso ajuda na promoção da decomposição eficiente da matéria orgânica. Apesar do tratamento de águas residuais, em várias aplicações ambientais, os sopradores dinâmicos ajudam a controlar a poluição do ar e da água. Os ventiladores dinâmicos desempenham um papel significativo na remoção de poeiras, partículas e contaminantes dos gases de escape industriais (Sekar & Manickam, 2019; Tijing et al., 2019; Tlili & Alkanhal, 2019).

### 4.2 Sistemas de transporte pneumático e de ventilação

As aplicações industriais que envolvem o cimento, o processamento de alimentos e a exploração mineira exigem um transporte eficiente, sustentável e acessível (Kushwaha et al., 2015; Mancini et al., 2020; Mittal et al., 2024; Uthayakumar et al., 2022; van Tonder et al., 2014; Vittorini & Cipollone,

2016a). Por conseguinte, os sopradores dinâmicos desempenham um papel crucial no transporte pneumático para aplicações de transporte. Ajudam também no transporte de substâncias em pó e granulares através de condutas. Os ventiladores dinâmicos também retratam edifícios, armazéns e túneis consistentes e também mantêm a qualidade do ar, controlam a temperatura e evitam a estagnação nos sistemas de ventilação (K.-H. Chang et al., 2022; Hickok, 1985).

## 4.3 Arrefecimento, permuta de calor e recuperação de energia

A assistência no arrefecimento de componentes electrónicos, maquinaria e processos das indústrias requer aplicações de ventiladores. Assim, para tais aplicações que requerem eficiência, acessibilidade e parâmetros sustentáveis, os ventiladores dinâmicos são conhecidos por serem o equipamento crítico aplicado inculcado (Alam et al., 2020; Berstad et al., 2010; Dawood et al., 2020; Figueroa et al., 2008; Mancini & Basso, 2020; Summers et al., 2010). Isto deve-se às suas propriedades de aumentar a eficiência da permuta de calor em diversas aplicações de arrefecimento, permuta de calor e recuperação de energia através de ventiladores dinâmicos. Contribuem igualmente para a eficiência energética dos sistemas através da recuperação de energia residual, bem como para o aproveitamento do excesso de fluxo de pressão e de ar para vários processos (Cassetti et al., 2023).

<u>**5. Escalabilidade industrial dos sopradores dinâmicos**</u>

A escalabilidade industrial dos sobrepressores dinâmicos é um fator crucial para a sua ampla aceitação e utilização eficaz numa variedade de aplicações. A escalabilidade dos sopradores dinâmicos depende de projectos bem pensados, de materiais duráveis e de uma modelação numérica eficaz (Charapale & Mathew, 2018; Hitch & Dipple, 2012; Kushwaha et al., 2014; Singh & Kushwaha, 2013b; Vittorini & Cipollone, 2016b, 2016a). Os ventiladores escaláveis são essenciais para a formação de processos industriais e sistemas de controlo ambiental, uma vez que as empresas procuram soluções fiáveis de tratamento de ar. Os parâmetros globais de escalabilidade e o seu funcionamento no que respeita aos ventiladores dinâmicos são apresentados na **Tabela 1** (Amerlinck et al., 2016; Baloni et al., 2015, 2018; Bernard, 2011; Blamey et al., 2010; Bracha et al., 1994; Collingridge & Collingridge, 1992; Hallgren et al., 2013; Lewis & Kelly, 2014; Mahdavian et al., 2012; Marzouq et al., 2018; Rezk et al., 2022).


**Quadro 1:** Parâmetros de escalabilidade industrial dos ventiladores dinâmicos (Amerlinck et al., 2016; Baloni et al., 2015, 2018; Bernard, 2011; Blamey et al., 2010; Bracha et al., 1994; Collingridge & Collingridge, 1992; Hallgren et al., 2013; Lewis & Kelly, 2014; Mahdavian et al., 2012; Marzouq et al., 2018; Rezk et al., 2022).

| Características | Parâmetros | Elucidação |
|---|---|---|
| **Otimização da conceção** | Design personalizável | Os ventiladores dinâmicos devem ser adaptáveis a diferentes requisitos, incluindo caudais, níveis de |

| | | |
|---|---|---|
| | Otimização Geométrica | A investigação das variáveis de conceção, como a quantidade de lâminas, a orientação e a forma, permite melhorar a eficiência. |
| | Metodologia de superfície de resposta | Ao definir correlações entre as variáveis de conceção e a eficiência, os métodos de otimização melhoram o desempenho. |
| **Prototipagem e Simulação Virtual** | Ferramentas de prototipagem virtual | O recurso à engenharia assistida por computador (CAE) e às análises virtuais reduz a necessidade de protótipos físicos. |
| | Tomada de decisões ágil | As iterações rápidas de design e as avaliações de desempenho aceleram o processo de desenvolvimento. |
| **Seleção de materiais e durabilidade** | Resistência mecânica | Os ventiladores escaláveis requerem materiais robustos para |

| | | suportar as exigências industriais. |
| | Resistência química | A compatibilidade com vários ambientes garante uma fiabilidade a longo prazo. |
| **Eficiência energética e rentabilidade** | Funcionamento eficiente | Os ventiladores escaláveis devem manter uma elevada eficiência em diferentes tamanhos. |
| | Otimização de custos | O equilíbrio entre desempenho e custo garante a viabilidade económica. |
| **Modelos numéricos e dinâmica de fluidos computacional (CFD)** | Simulações numéricas | A CFD analisa o comportamento da dinâmica dos fluidos, permitindo previsões de desempenho. |
| | Medição da eficiência | A simulação do comportamento fluido-dinâmico do ventilador ajuda a medir a eficiência. |

# 6. Tipos de perdas em sopradores e compressores

A perda refere-se à disparidade entre a quantidade de energia que entra num sistema e a energia produzida e é um fenómeno que está presente, em graus variáveis, em todos os sistemas que consomem energia. A obtenção de uma compreensão abrangente dos vários tipos de perdas e das suas causas subjacentes tem o potencial de atenuar essas perdas e otimizar o desempenho. A ocorrência de perdas em turbomáquinas de fluxo regenerativo pode resultar numa diminuição do caudal e da pressão de saída, levando a um aumento do consumo de energia para além do necessário. No seu estudo, Karlsen-Davies e Aggidis (2016) categorizam exaustivamente os vários tipos de perdas encontradas nas bombas de caudal regenerativo. Vale a pena notar que estas perdas também são observadas em ventiladores e compressores. **A Tabela 2** apresenta uma gama de perdas que foram registadas.

**Tabela 2:** Tipos de perdas e suas causas em sopradores e compressores (Karlsen-Davies & Aggidis, 2016).

| Tipos de perdas | Causa da ocorrência |
| --- | --- |
| **Perdas por deslizamento** | Isto acontece devido ao fluxo de fluido a alta velocidade durante o encontro com a curvatura acentuada da lâmina. |
| **Perdas por choque** | O desalinhamento da lâmina durante a entrada ou saída do fluido provoca um funcionamento irregular e produz um choque. |

| **Perdas de circulação** | Perdas devidas (i) à rotação do fluido no canal, (ii) ao facto de o fluido em movimento mais rápido que sai das lâminas se misturar com o fluido em movimento mais lento no canal e (iii) ao facto de a área de escoamento mudar sempre que o fluido entra ou sai das lâminas. |
|---|---|
| **Perdas periféricas** | O canal curvo da máquina facilita o fluxo periférico e os conceitos típicos de perdas de fluxo em tubagens podem ser utilizados para determinar a falha. Por conseguinte, o diâmetro hidráulico, a velocidade do fluxo e a rugosidade da superfície determinarão esta perda. |
| **Perdas por fuga** | As fugas através da folga do decapante e da folga radial e axial entre o impulsor e o corpo são as principais fontes de fugas. A segunda é provocada pela entrada não intencional de fluido sob pressão na zona de entrada de baixa pressão através da folga do stripper. |
| **Perdas na entrada e na saída** | Os canais onde o fluxo ocorre podem ter uma grande variedade de tamanhos de portas de entrada e saída. Assim, ocorrem perdas abruptas por contração ou expansão sempre que o fluxo entra ou sai dos orifícios. |

# 7. Cálculo da potência e do desempenho de sopradores e compressores verdes

As seguintes fórmulas são utilizadas para calcular o desempenho e a potência de sopradores e compressores a partir das **Equações 1 a 8**. (K.-H. Chang et al., 2022; Vittorini & Cipollone, 2016c).

$$\phi = \frac{Q}{D_2^2 u_2} \dots\dots\dots(1)$$

$$\psi = \frac{gH}{u_2^2} \dots\dots\dots(2)$$

$$Specific\ Speed = \frac{N\sqrt{Q}}{(gH)^{\frac{3}{4}}} \dots\dots\dots(3)$$

$$\eta_{isothermal} = \frac{mRT\ ln\frac{P_2}{P_1}}{Shaft\ Power} \dots\dots\dots(4)$$

$$\eta_{hyd} = \frac{\rho QgH}{Shaft\ Power} \dots\dots\dots(5)$$

$$Power\ Coefficient = \frac{Power}{\rho \omega^3 D^5} \dots\dots\dots(6)$$

$$Arc\ of\ Admission = \frac{Arc\ of\ inlet}{D_m} \dots\dots\dots(7)$$

$$Regenerative\ Number = \frac{stripper\ angle}{360} \times z \dots(8)$$

## 8. Mecânica dos Fluidos de Sopradores e Compressores

### 8.1 Sopradores

Exceto que Q (caudal) é medido em pés por minuto e H (altura manométrica) é frequentemente expressa em polegadas de H20, a mecânica dos fluidos dos ventiladores e sopradores é quase idêntica à das bombas. A potência do veio de entrada é

$$hp = \frac{P \times Q}{6356 \times \eta} \dots \dots \dots \dots (9)$$

*Em que P é a pressão (em de H2O)*

*Q é o caudal (em pés3/min)*

*ἡ é a eficiência do ventilador (em %)*

A equação é válida desde que o fluido, neste caso o ar, sofra pouco ou nenhum esforço de compressão. A equação do compressor, fornecida mais tarde, é necessária se a pressão de saída for suficientemente elevada para comprimir mais do que uma pequena percentagem (cerca de dez por cento no máximo). Não há muita contrapressão estática para a maioria dos ventiladores e sopradores bombearem. Estes factores e as suas curvas H-Q têm uma inclinação descendente acentuada, tornando-os excelentes escolhas para iniciativas de poupança de energia (Mascarenhas et al., 2019). Os sopradores foram utilizados em cerca de 65% das instalações significativas com velocidades variáveis. A instalação de teste necessária para a medição e eficiência dos sopradores é mostrada abaixo na **Figura 9.**

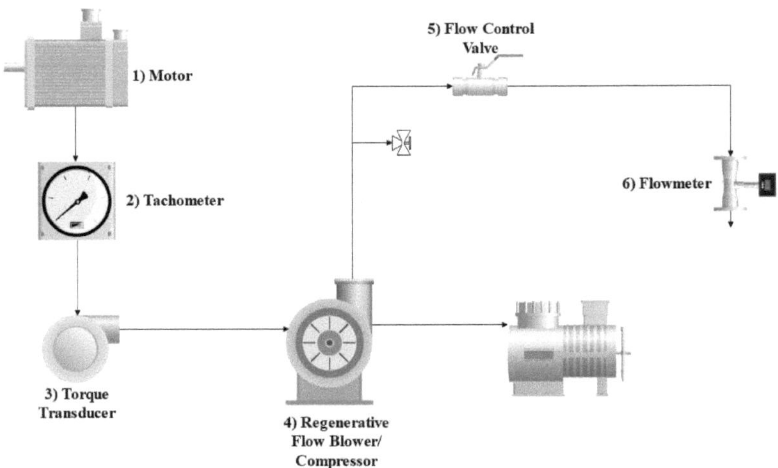



**Figura 9:** Instalação de ensaio de sopradores para obter a máxima eficiência e rendimento.


## 8.2 Compressores

A utilização da velocidade variável nos compressores de gás é uma via prometedora para a poupança de energia nas refinarias e nas instalações petroquímicas. A sua potência varia de algumas centenas a cerca de sessenta mil. As principais diferenças nas poupanças de velocidade variável nos compressores alternativos estão relacionadas com os tipos de motores e a eficiência. Os compressores centrífugos têm poupanças semelhantes, mas as poupanças internas globais do compressor são mais elevadas (Saidur et al., 2010a).

Os mesmos princípios da mecânica dos fluidos que regem as bombas e os sopradores também regem os gases. No entanto, como os gases são frequentemente compostos por uma combinação de componentes de hidrocarbonetos, cada um com um peso molecular, calor específico e pressão crítica únicos, as leis da mecânica dos fluidos tornam-se mais complexas quando é efectuado trabalho no gás durante a compressão.

A equação da potência é a seguinte

$$hp_p = \frac{WH}{33000\eta}\dots\dots\dots\dots\dots\dots\dots\dots\dots(10)$$

*Onde hp é potência*

*W é o fluxo de peso*

*$\dot{\eta}$ é a eficiência do compressor*

**9. Poupança de energia através de sopradores e compressores ecológicos**

Os compressores e sopradores de processo podem poupar energia em muitas situações quando as suas velocidades são alteráveis, tal como demonstrado por uma auditoria energética. Cada caso tem de ser cuidadosamente analisado, tendo em conta todos os requisitos da aplicação, incluindo

1) curva caraterística do equipamento acionado para as circunstâncias precisas de funcionamento;

2) ciclo de funcionamento do caudal do equipamento de processamento

3) O custo do equipamento e da instalação

4) O custo da energia por unidade, como \$/1000 lb de vapor, \$/kWh, etc.

Embora as poupanças em algumas medidas de poupança de energia sejam insignificantes, as poupanças em muitas serão substanciais. Ao escolher entre vários tipos de controlo e de velocidade ajustável, é necessário pesquisar exaustivamente a aplicação e calcular as potenciais poupanças dos condutores, do equipamento rotativo acionado e de outros benefícios adicionais (Dindorf, 2012). A velocidade ajustável é uma técnica muito benéfica na procura atual de identificar e minimizar o desperdício de energia. Embora haja uma propensão para se concentrar em iniciativas de grande escala para conseguir poupanças de energia, podem também ser consideradas várias etapas menores para compreender a sua eficácia.

Em vez de iniciar um projeto de capital completo, algumas coisas podem ser feitas gastando dinheiro. Muitas coisas podem ser feitas pouco a pouco quando se efectua a manutenção de rotina do sistema. Quando implementadas coletivamente, as melhores práticas podem ajudar a atingir os objectivos totais de redução de energia, mesmo que cada método, por si só, não afecte muito as taxas de eletricidade. Manter o melhor funcionamento possível do equipamento tem muitos benefícios. Poupa energia e diminui a necessidade de reparações de emergência, que podem causar interrupções nas operações e aumentar as despesas de reparação. É possível acrescentar algumas pequenas medidas de poupança de energia aos bons procedimentos de manutenção (Sreekanth et al., 2021b).

Ar condicionado, ar pressurizado e ajustes de iluminação. Ao investir em novos equipamentos, considere a possibilidade de incluir melhorias de eficiência. Um excelente desempenho energético pode ser alcançado através da combinação de equipamento eficaz com excelentes procedimentos de manutenção. Os vários benefícios da poupança de energia em sopradores e compressores, especialmente em accionamentos de motores, são apresentados na **Figura 10**.

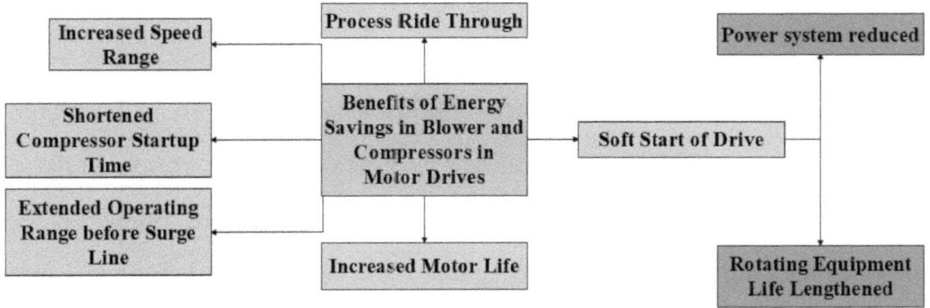


**Figura 10:** Benefícios da poupança de energia em sopradores e compressores em accionamentos de motores para a sustentabilidade (Saidur et al., 2010b).

# 10. Abordagem de eficiência energética para ventiladores

O coque e o carvão moído são utilizados em altos-fornos para reduzir o minério de ferro, produzindo ferro-gusa. O alto-forno da siderurgia é a sua instalação central e o funcionamento de todas as instalações é coordenado com o programa de produção do alto-forno. O motor soprador é um aparelho crucial que fornece ar de alta pressão e capacidade a um forno quente no alto-forno. Um motor sincronizado de capacidade significativa serve de fonte de alimentação para o compressor axial. O motor do soprador requer muita eletricidade para funcionar, a segunda maior quantidade na siderurgia. Os ventiladores e sopradores fornecem ar para as necessidades dos processos industriais e para a ventilação (Mahdavian et al., 2012; van Tonder et al., 2014; Yin & Pate, 2019).

Os sopradores criam pressão para mover o ar (ou gases) contra a resistência provocada por condutas, registos ou outros componentes do sistema de sopradores. A energia de um eixo rotativo é transferida para o ar pelo rotor do soprador. Atualmente, as aplicações industriais utilizam frequentemente a disposição em paralelo das máquinas turbo para regular as propriedades e o consumo de energia destas máquinas. Pode haver um potencial de poupança de energia significativo quando os vários ventiladores de um sistema de sopro semelhante funcionam constantemente. Por exemplo, os sopradores principais e de reserva funcionam em simultâneo quando um único soprador pode satisfazer os requisitos de caudal do processo (Dahl, 2021; Hatti et al., 2009; Hickok, 1985; Terrell, 1999). Embora esta seja a abordagem típica à conservação de energia, será demonstrado que a utilização de VFDs nesta conceção paralela pode conduzir a níveis de eficiência mais elevados.

## 10.1 Funcionamento paralelo do ventilador verde para a eficiência energética

As curvas do soprador são uma forma de representar as propriedades de um soprador. A curva do soprador representa o desempenho do soprador em determinadas circunstâncias. Uma variedade de parâmetros relacionados são mostrados graficamente pela curva do soprador. Geralmente, será criada uma curva para determinados parâmetros, tais como o volume do ventilador, a pressão estática do sistema, a velocidade do ventilador e a potência de travagem necessária para operar o ventilador nas circunstâncias especificadas. O ponto operacional liga a curva de pressão estática e a curva do sistema (Nehler, 2018; Shim & Oh, 2017; Vinayagam et al., 2024). O ponto de funcionamento varia em conjunto com as variações na resistência do sistema. A curva de características do soprador e do sistema é apresentada na **Figura 11**.

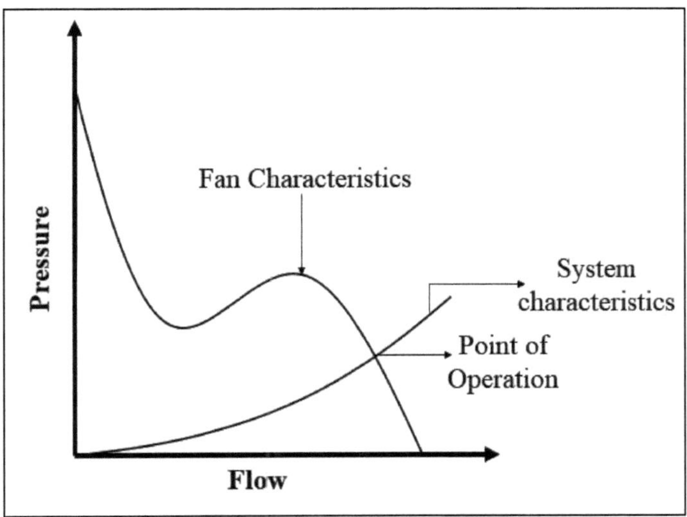


**Figura 11:** Curvas características do ventilador e do sistema (Dahl, 2021).

A ideia de montar os ventiladores em série ou em paralelo é considerada quando um único ventilador dentro de um sistema não consegue produzir um caudal de ar suficiente para atingir o nível de arrefecimento necessário e as dimensões físicas do armário impedem a utilização de um ventilador maior. Assegurar que o ponto de funcionamento, com todos os ventiladores a funcionar, não é superior à pressão mais baixa da cuba é uma boa regra de ouro.

## 11. Poupança de energia nos compressores

Com uma média de 10% do consumo global de eletricidade, o sector do ar comprimido é essencial para reduzir as emissões de CO2 e o consumo de energia. Dado que 15% do consumo total de eletricidade da indústria provém apenas dos compressores, é imperativo monitorizar o desempenho das máquinas. Muitos factores contribuem para dificultar a definição de uma política energética global e coordenada. A disponibilidade de fontes de energia, a fraca participação das energias renováveis no mercado mundial, o impacto da recessão económica nas questões energéticas e o desafio das negociações internacionais em curso sobre o clima são aspectos do mesmo problema, ou seja, a tentativa de definir um modelo de desenvolvimento energético sustentável que seja compatível com a taxa de crescimento de todas as economias do mundo (Aakko-Saksa et al., 2018; Cassetti et al., 2023; Dawood et al., 2020; Figueroa et al., 2008; Garmsiri et al., 2014; Sharma et al., 2023).

Considerando que o sector industrial impulsiona as economias das nações estabelecidas e emergentes, sendo responsável por mais de 50% da procura de eletricidade. Numerosas estimativas imparciais indicam que a indústria, por si só, é responsável por 50% da eletricidade utilizada no CAS, sendo a produção de vidro e cerâmica, as operações de refinação e os fabricantes de automóveis e aeroespaciais os que registam o maior consumo de eletricidade. A procura de um melhor desempenho do compressor e de um menor consumo de modulação do caudal está a ser alvo de grande atenção, porque só a secção de compressão consome entre 10% e 20% da energia utilizada no sistema. Com base nos dados do CAGI (Compressed Air and Gas Institute) para o mercado dos EUA e da Pneurop para o cenário da UE, é essencial uma análise aprofundada do desempenho dos compressores no mercado atual, dada a importância da questão da eficiência dos compressores. Esta análise é efectuada da seguinte forma para uma vasta gama de tipos de máquinas, com especial incidência nos compressores de parafuso e de palhetas deslizantes (Ahmed et al., 2022; Ji et al., 2023; Nadaf et al., 2022; Saravanan et al., 2022; Y. Zhang et al., 2022).

As duas tendências seguintes indicam que existe uma grande margem de melhoria nos compressores do mercado em comparação com a margem calculada para as máquinas de qualidade superior.

a) a distância entre as melhores e as piores máquinas da turma aumenta com o aumento da distância;

b) a distribuição dos dados em torno da mediana varia com a taxa de compressão e o tipo de máquina (arrefecida a ar ou a água), o que sugere que é de esperar uma variabilidade significativa nos valores de eficiência.

c) A família de velocidade variável apresenta consistentemente a menor variação de eficiência entre os compressores BIC e WIC, indicando um nível mais elevado de controlo do desempenho nesta família.

d) As máquinas arrefecidas a ar de velocidade variável apresentam uma eficiência marginalmente inferior aos caudais nominais.

e) É um desafio realinhar todas as máquinas com os melhores modelos da sua classe, uma vez que motores maiores (ou seja, caudais mais elevados) equivalem a uma maior eficiência para rácios de pressão mais elevados.


É de notar que os compressores rotativos de palhetas deslizantes têm eficiências características entre a média (50-75% em velocidade fixa, 45-75% em velocidade variável) e a melhor da sua classe quando o caudal passa de 0,1 para 100 $m^3$ /min, tanto na família de velocidade limitada (melhor eficiência de base da classe: 65-85%, pior eficiência de base da classe: 45-70%) como na de taxa variável (melhor eficiência de base da classe: 55-85%, pior eficiência de base da classe: 40-65%). Isto implica que o padrão para a tecnologia atual pode ser os compressores rotativos de palhetas deslizantes (Tu et al., 2017; Wang et al., 2023; Zhao et al., 2023).

A análise dos componentes que constituem a eficiência total do compressor revela que este valor é um indicador fiável das contribuições dadas pelos componentes mecânicos, biológicos e eléctricos. Dado que as tecnologias mecânicas e eléctricas avançaram a um nível respeitável (embora haja sempre espaço para melhorias) e que uma redução de 5% na circulação de óleo se traduz em poupanças termodinâmicas potenciais significativas, são possíveis poupanças consideráveis.

Com a tecnologia atual, um compressor intercooler de duas fases pode poupar 15%. A cerca de 100°C, o calor do processo de arrefecimento do óleo pode ser recuperado e convertido em energia mecânica através de uma instalação que utiliza o Ciclo Orgânico de Rankine (ORC). A eficiência média de conversão, que foi de cerca de 7-10%, indica margens de recuperação muito intrigantes, dado que a potência térmica do óleo representa dois terços da potência mecânica utilizada pelo compressor. O potencial de recuperação/poupança é fixado em 20% da potência do pacote, com base numa avaliação segura dos efeitos combinados da compressão de duplo estágio e da recuperação do calor residual do óleo. Este benefício é atingível independentemente do tipo de máquina, mas existe ainda um potencial de melhoria que pode ser identificado com base no compressor em consideração. No caso do SVRC, o downspeeding e a injeção de uma fina pulverização de óleo no interior do fluxo parecem ser soluções práticas e simples. A margem mais significativa para uma redução da potência de compressão nos compressores de parafuso é proporcionada pelo aumento do rotor; a redução da velocidade e a redução da circulação do óleo oferecem a menor ou nenhuma margem. Por conseguinte, em termos de poupança de energia e de carbono, a recuperação e a conservação de energia no CAS têm o potencial de ultrapassar os objectivos estabelecidos pela Comunidade Europeia e pelos principais países internacionais.

## 12. Turbomáquinas de fluxo regenerativo como aumento de escala industrial para sopradores e compressores ecológicos

Apesar de ter uma história de mais de 150 anos, este domínio não tem sido objeto de tanta investigação e desenvolvimento como deveria. O termo "regenerativo" tem sido frequentemente utilizado porque se pensava que a transferência de energia ocorria à medida que o fluido de trabalho entrava e saía da área entre cada pá do rotor, resultando em multi-estágio ou regeneração (Sreekanth et al., 2021a; Vinayagam et al., 2022; Zolkowski & Glapinski, 2018).

Máquinas periféricas, de canal lateral, de rega, de arrasto, de turbina, de tração, tangenciais e de vórtice são outros termos utilizados para descrever estas máquinas. Esta tecnologia não é muito utilizada em aplicações, apesar de já existir há algum tempo. As razões para este facto podem ser várias, incluindo

(i)     compreensão pouco clara do diretor operacional,

(ii)    ausência de metodologias de conceção definidas

(iii)   baixa eficiência (<50%). Grande parte da conceção atual é derivada de relações empíricas, experiência humana e tentativa e erro.


As máquinas periféricas referem-se a dispositivos ligados direta ou indiretamente a um computador, alargando as suas capacidades com fontes externas. As máquinas de canal lateral são bastante diferentes das máquinas periféricas utilizadas como máquinas laterais com os RFTs. Por conseguinte, a máquina regenerativa continuou a ser considerada como uma criação artística e não como um dispositivo científico ou tecnológico. Em comparação com as máquinas rotodinâmicas, a conceção destas máquinas manteve-se muito simples, o que constitui uma vantagem significativa.

Consequentemente, têm também uma vantagem mais alargada em termos de facilidade de fabrico. Alguns investigadores fabricaram os impulsores de forma eficaz utilizando a impressão 3D e outras técnicas de prototipagem rápida. No entanto, quando se limita a criar apenas alumínio e não metais, a impressão 3D torna-se razoavelmente cara. Quando são utilizadas lâminas simétricas, as portas de entrada e saída podem ser trocadas mudando a direção de rotação. Além disso, os modelos específicos de impulsores apresentam arestas em ambos os lados.

Assim, o impulso axial é reduzido ou nulo, o que diminui a pressão sobre os rolamentos. Elas também são confiáveis e autoaspirantes. As turbomáquinas de fluxo regenerativo servem frequentemente aplicações que requerem capacidades de auto-aspiração, capacidade de alta temperatura, custo barato, tamanho compacto, condições de trabalho consistentes e facilidade de fabrico . A bombagem de líquidos ou água é uma das principais utilizações das turbomáquinas de fluxo regenerativo. Estes dispositivos podem ser utilizados em várias indústrias, incluindo lavagens de automóveis, processamento de produtos químicos e alimentares, refinarias, transporte marítimo e minas, microturbinas, serviço de poços e bombagem biomédica, tal como referido por Davies e Aggidis. Além disso, as turbinas de fluxo regenerativo são utilizadas para processar gases, principalmente ar. Existem também estudos sobre a utilização de turbomáquinas de fluxo regenerativo em células de combustível para o processamento de hidrogénio, gás natural, hélio, R-22 e ISOPAR G. Também não existem muitas aplicações que envolvam a injeção de gasolina num motor de combustão interna.


## 12.1 Geometria e parâmetros de projeto

Os dispositivos de fluxo regenerativo dependem da troca de energia entre o fluido e o impulsor, como qualquer outra turbomáquina. A transferência de energia do impulsor para o líquido ocorre em dispositivos de aumento de pressão, como bombas e compressores, e o aumento de energia é expresso como um aumento da energia de pressão. O desempenho é determinado pela quantidade de energia transferida e pode ser quantificado de várias formas. A forma e os parâmetros de conceção do impulsor e da caixa, onde ocorre todo o aumento de pressão, têm um impacto significativo na quantidade de transferência de energia.

A forma da fenda anular, a posição das portas de entrada e saída, a localização das palhetas e outras características são exemplos de parâmetros de geometria. A dimensão do impulsor, o número de palhetas, a velocidade de rotação, o número de fases e outros factores são exemplos de parâmetros de conceção. A maior parte dos esforços de investigação para aumentar a eficiência das turbomáquinas de fluxo regenerativo centra-se na otimização das características geométricas e de conceção.

## 12.2 Aplicações de RFTs e sopradores e compressores verdes

As turbinas de caudal regenerativo, os ventiladores ecológicos e os compressores têm muitas aplicações sustentáveis e transitivas. Essas aplicações são apresentadas no **Quadro 3**.

**Quadro 3:** Aplicações da regeneração de turbinas de fluxo regenerativo e sopradores e compressores verdes (Sreekanth et al., 2021a; Vinayagam et al., 2022; Zolkowski & Glapinski, 2018).

| Aplicações | Elucidação |
| --- | --- |
| **Água de alimentação da caldeira** | Os compressores verdes fornecem eficientemente ar de alta pressão para sistemas de água de alimentação de caldeiras. Contribuem para a poupança de |

| | energia e para a redução da pegada de carbono nos processos industriais |
|---|---|
| **Indústria alimentar e de bebidas** | Lidam com requisitos de ar de baixa pressão no processamento de carne, lacticínios e produção de bebidas. |
| **Sector do petróleo e do gás** | A sua capacidade para suportar pressões elevadas garante operações fiáveis no sector do petróleo e do gás |
| **Conformidade ambiental** | Contribuem para uma produção sustentável, reduzindo o consumo de energia e o impacto ambiental. |
| **Processos de fabrico e industriais** | Aumentam a eficiência e minimizam o consumo de energia. |

## 13. Observações finais de Green Blowers

Apesar de os sopradores e compressores terem sido criados há muito tempo, após a avaliação do ciclo de vida, verificou-se que existe uma necessidade premente não só de desenvolver sopradores e compressores com baixas emissões, mas também de estabelecer uma escala industrial. Também são discutidas várias perdas de energia para essa escala, que são necessárias para o desenvolvimento de sopradores e compressores ecológicos. Estas perdas envolvem perdas por deslizamento, perdas por choque, perdas por circulação, perdas periféricas, perdas por fugas e perdas à entrada e à saída. São também necessárias várias equações de cálculo para as respectivas fundações dos sopradores e compressores verdes. Um modelo de instalação de teste foi também conclusivamente observado para testar a eficiência, o desempenho e a potência dos ventiladores. Por último, são apresentadas as poupanças de energia e as perspectivas económicas para as curvas características do equipamento, o ciclo de funcionamento do fluxo, o custo do equipamento e o custo da energia por unidade. Em vez de iniciar um projeto de capital completo, é também necessário investir na economia de sopradores e compressores para a manutenção de rotina do sistema. São também apresentadas várias observações sobre os benefícios da poupança de energia, especialmente nos accionamentos do motor, uma vez que são utilizados sopradores e compressores ecológicos mais eficientes, o que envolve um aumento da gama de velocidades, o processo de passagem, o acionamento de arranque suave, a redução do tempo de arranque do compressor, o aumento da gama de funcionamento antes da linha de pico e o aumento do acionamento do motor. As operações paralelas dos sopradores ecológicos no sentido da eficiência energética também são mencionadas como a abordagem mais eficiente para os sopradores devido à hiper-análise efectuada para as curvas características do soprador e do sistema. À semelhança dos sopradores, as poupanças de energia também são estabelecidas para os compressores, que envolvem a distância entre as melhores e as piores máquinas da classe, a distribuição de dados da taxa de compressão e o tipo de máquina, e máquinas de velocidade variável arrefecidas a ar. Por último, conclui-se que as turbinas de fluxo regenerativo como escalonamento industrial são o melhor escalonamento industrial para sopradores e compressores ecológicos, devido à geometria e aos parâmetros de projeto, à teoria da turbulência, às capacidades de auto-escorvamento, à capacidade de alta temperatura, ao custo reduzido, ao tamanho compacto, às condições de trabalho consistentes e à facilidade de fabrico. Os sopradores dinâmicos são os novos sopradores que entraram na industrialização e comercialização muito recentemente. Apresentam muitas modificações em relação aos sopradores convencionais, que podem ser ampliados industrialmente para várias aplicações multidisciplinares. De acordo com as várias necessidades industriais, estes ventiladores dinâmicos podem ser divididos em ventiladores centrífugos, ventiladores de fluxo axial e ventiladores de fluxo misto. Para tal classificação, a eficiência, a eficácia e o desempenho apresentados pelos ventiladores dinâmicos são muito mais impressionantes do que os ventiladores convencionais ideais, uma vez que ajudam a somar a energia cinética às moléculas de ar. Com base nestas características e propriedades de melhoria do desempenho, foram concluídas várias aplicações para os ventiladores dinâmicos. Estas aplicações foram conclusivamente assinaladas no tratamento de águas residuais, controlo da poluição, transporte pneumático, sistemas de ventilação, arrefecimento, troca de calor e recuperação de energia. A escalabilidade industrial é um dos aspectos mais importantes destes ventiladores dinâmicos. A escalabilidade industrial pode ser obtida com a ajuda da otimização do design, prototipagem virtual, simulação, seleção de materiais, durabilidade, eficiência energética, eficácia, custo, modelos numéricos e modelos computacionais de dinâmica de fluidos. Em suma, os ventiladores dinâmicos têm uma grande variedade de aplicações e um enorme potencial de aumento da escala industrial, em que o tipo de eficiência, eficácia, parâmetros sustentáveis e acessibilidade é demonstrado por eles, devendo ser realizadas muitas actividades de investigação e desenvolvimento para várias aplicações multidisciplinares futuras.

## 14. Referências

Aakko-Saksa, P., Aakko-Saksa, P. T., Cook, C., Kiviaho, J., & Repo, T. (2018). Portadores de hidrogénio orgânico líquido para transporte e armazenamento de energia renovável: Revisão e discussão. *Journal of Power Sources.* https://doi.org/10.1016/j.jpowsour.2018.04.011

Ahmed, S. F., Mehejabin, F., Momtahin, A., Tasannum, N., Faria, N. T., Mofijur, M., Hoang, A. T., Vo, D.-V. N., & Mahlia, T. M. I. (2022). Estratégias para melhorar o desempenho da membrana no tratamento de águas residuais. *Chemosphere, 306*, 135527. https://doi.org/10.1016/j.chemosphere.2022.135527

Aiyer, S., Prasad, R., Kumar, M., Nirvikar, K., Jain, B., & Kushwaha, O. S. (2016). Nanodots de carbono fluorescentes para imagens direcionadas de células cancerosas in vitro. *Applied Materials Today, 4*, 71-77. https://doi.org/10.1016/j.apmt.2016.07.001

Aiyer, S., Prasad, R., Kumar, M., Nirvikar, K., Jain, B., & Kushwaha, O. S. (2019). Corrigenda a "Nanodots de carbono fluorescentes para imagens de células cancerosas in vitro direcionadas" [Appl. Mater. Hoje 4 (2016) 71-77]. *Applied Materials Today, 17*, 236-240. https://doi.org/10.1016/j.apmt.2019.07.014

Alam, M. W., Bhattacharyya, S., Bhattacharyya, S., Souayeh, B., Dey, K., Hammami, F., Rahimi-Gorji, M., & Biswas, R. (2020). Resfriamento do dissipador de calor da CPU por micro-pin-fin de forma triangular: Estudo numérico. *Comunicações Internacionais em Transferência de Calor e Massa.* https://doi.org/10.1016/j.icheatmasstransfer.2019.104455

Amerlinck, Y., De Keyser, W., Urchegui, G., & Nopens, I. (2016). Um modelo realista de consumo de energia de sopradores dinâmicos para aplicações em águas residuais. *Water Science and Technology, 74*(7), 1561-1576. https://doi.org/10.2166/wst.2016.360

Aneke, M., & Wang, M. (2015). Potencial para melhorar a eficiência energética da unidade de separação de ar criogénica (ASU) utilizando ciclos binários de recuperação de calor. *Engenharia Térmica Aplicada.* https://doi.org/10.1016/j.applthermaleng.2015.02.034

Ashok, R. B., Srinivasa, C. V., & Basavaraju, B. (2019). Propriedades mecânicas dinâmicas de compósitos de fibra natural - uma revisão. *Compósitos avançados e materiais híbridos, 2*(4), 586-607. https://doi.org/10.1007/s42114-019-00121-8

Aydin, M. I., Karaca, A. E., Qureshy, A. M. M. I., & Dincer, I. (2021). Uma revisão comparativa sobre a produção limpa de hidrogênio a partir de águas residuais. *Journal of Environmental Management, 279*, 111793. https://doi.org/10.1016/j.jenvman.2020.111793

Aydın, H., & İlkılıç, C. (2017). Poluição do ar, emissões de poluentes e efeitos nocivos. Em *Revista de Engenharia e Tecnologia* (Vol. 1).

Baloni, B. D., Channiwala, S. A., & Harsha, S. N. R. (2018). Projeto, desenvolvimento e análise de soprador centrífugo. *Jornal da Instituição de Engenheiros (Índia): Série C, 99*(3), 277-284. https://doi.org/10.1007/s40032-017-0356-z

Baloni, B. D., Pathak, Y., & Channiwala, S. A. (2015). Otimização da voluta do soprador centrífugo com base no método Taguchi. *Computers & Fluids, 112*, 72-78. https://doi.org/10.1016/j.compfluid.2015.02.007

Bernard, O. (2011). Obstáculos e desafios para a modelação e controlo de microalgas para a mitigação de CO2 e produção de biocombustíveis. *Journal of Process Control, 21*(10), 1378-1389. https://doi.org/10.1016/j.jprocont.2011.07.012

Berstad, D., Stang, J. H., & Nekså, P. (2010). Liquefator de hidrogénio em grande escala utilizando pré-arrefecimento com refrigerante misto. *International Journal of Hydrogen Energy.* https://doi.org/10.1016/j.ijhydene.2010.02.001

Blamey, J., Anthony, E. J., Wang, J., & Fennell, P. S. (2010). O ciclo de looping de cálcio para captura de CO2 em grande escala. *Progress in Energy and Combustion Science.* https://doi.org/10.1016/j.pecs.2009.10.001

Blower, S. M., & Chou, T. (2004). Modelação da emergência das "zonas quentes": tuberculose e a dinâmica de amplificação da resistência aos medicamentos. *Nature Medicine, 10*(10), 1111-1116. https://doi.org/10.1038/nm1102

Blower, S. M., Mclean, A. R., Porco, T. C., Small, P. M., Hopewell, P. C., Sanchez, M. A., & Moss, A. R. (1995). The intrinsic transmission dynamics of tuberculosis epidemics. *Nature Medicine, 1*(8), 815-821. https://doi.org/10.1038/nm0895-815

Bracha, M., Lorenz, G., Patzelt, A., & Wanner, M. (1994). Liquefação de hidrogénio em grande escala na Alemanha. *International Journal of Hydrogen Energy.* https://doi.org/10.1016/0360-3199(94)90177-5

Cassetti, G., Boitier, B., Elia, A., Le Mouël, P., Gargiulo, M., Zagamé, P., Nikas, A., Koasidis, K., Doukas, H., & Chiodi, A. (2023). A interação entre a recuperação económica da COVID-19, as mudanças comportamentais e o Pacto Ecológico Europeu: uma perspetiva de modelização económica da energia. *Energia, 263*, 125798. https://doi.org/10.1016/j.energy.2022.125798

Cattanei, A., Mazzocut Zecchin, F., Di Pasquali, A., & Lazari, A. (2021). Efeito do espaçamento desigual das pás no incómodo sonoro de ventiladores de fluxo axial e sopradores de canal lateral. *Applied Acoustics, 177*, 107924. https://doi.org/10.1016/j.apacoust.2021.107924

Chang, K., Chang, K., Zhang, C., Chang, H., & Chang, H. (2016). Atribuição da redução de emissões e estimativa do bem-estar económico através do comércio inter-regional de emissões na China: Evidence from efficiency and equity. *Energy.* https://doi.org/10.1016/j.energy.2016.07.113

Chang, K.-H., Sun, Y.-J., Lai, C.-A., Chen, L.-D., Wang, C.-H., Chen, C.-J., & Lin, C.-M. (2022). Estratégias de economia de energia de análise de big data para compressores de ar na indústria de semicondutores - um estudo empírico. *International Journal of Production Research, 60*(6), 1782-1794. https://doi.org/10.1080/00207543.2020.1870015

Charapale, U. D., & Mathew, A. T. (2018). Previsão de fluxo no soprador industrial usando dinâmica de fluidos computacional. *Materiais hoje: Proceedings, 5*(5), 12311-12319. https://doi.org/10.1016/j.matpr.2018.02.209

Chovet, C., Lippert, M., Keirsbulck, L., & Foucaut, J.-M. (2016). Caracterização dinâmica de micro sopradores piezoelétricos para controle de fluxo de separação. *Sensores e Actuadores A: Físicos, 249*, 122-130. https://doi.org/10.1016/j.sna.2016.08.016

Collingridge, D., & Collingridge, D. (1992). The Management of Scale: Big Organizations, Big Decisions, Big Mistakes. *Null.* https://doi.org/null

Dahl, T. (2021). *Otimização da seleção de bombas e compressores para eficiência energética utilizando a eficiência ponderada real (TWE)* (pp. 741-759). https://doi.org/10.1007/978-3-030-69799-0_52

Dawood, F., Anda, M., & Shafiullah, Gm. (2020). Produção de hidrogénio para energia: An overview. *International Journal of Hydrogen Energy.* https://doi.org/10.1016/j.ijhydene.2019.12.059

Deblonde, T., Deblonde, T., Cossu-Leguille, C., Cossu-Leguille, C., Hartemann, P., Hartemann, P., & Hartemann, P. (2011). Poluentes emergentes em águas residuais: uma revisão da literatura. *International Journal of Hygiene and Environmental Health.* https://doi.org/10.1016/j.ijheh.2011.08.002

Dindorf, R. (2012). Estimativa do potencial de poupança de energia em sistemas de ar comprimido. *Procedia Engineering, 39*, 204-211. https://doi.org/10.1016/j.proeng.2012.07.026

Embleton, T. F. W. (1963). Experimental Study of Noise Reduction in Centrifugal Blowers (Estudo Experimental da Redução de Ruído em Sopradores Centrífugos). *The Journal of the Acoustical Society of America, 35*(5), 700-705. https://doi.org/10.1121/1.1918591

Falcone, P. M., Hiete, M., & Sapio, A. (2021). Economia do hidrogénio e objectivos de desenvolvimento sustentável: Revisão e percepções políticas. *Opinião atual em química verde e sustentável, 31*, 100506. https://doi.org/10.1016/j.cogsc.2021.100506

Figueroa, J. D., Fout, T., Plasynski, S., McIlvried, H. G., & Srivastava, R. D. (2008). Avanços na tecnologia de captura de CO2 - O Programa de Sequestro de Carbono do Departamento de Energia dos EUA ✩. *Revista Internacional de*

*Controlo de Gases com Efeito de Estufa*. https://doi.org/10.1016/s1750-5836(07)00094-1

Garmsiri, S., Rosen, M., & Smith, G. (2014). Integração de Sistemas de Energia Eólica, Hidrogénio e Gasodutos de Gás Natural para Satisfazer as Necessidades Energéticas da Comunidade e dos Transportes: A Parametric Study. *Sustainability*, *6*(5), 2506-2526. https://doi.org/10.3390/su6052506

Gattrell, M., Gupta, N., Gupta, N., & Co, A. C. (2006). Uma revisão da redução eletroquímica aquosa de CO2 a hidrocarbonetos em cobre. *Journal of Electroanalytical Chemistry*. https://doi.org/10.1016/j.jelechem.2006.05.013

Haan, M. De. (2001). A Structural Decomposition Analysis of Pollution in the Netherlands [Uma análise de decomposição estrutural da poluição nos Países Baixos]. *Economic Systems Research*. https://doi.org/10.1080/09537320120052452

Hallgren, W., Schlosser, C. A., Monier, E., Kicklighter, D., Sokolov, A., & Melillo, J. (2013). Impactos climáticos de uma expansão de biocombustíveis em grande escala. *Geophysical Research Letters*, *40*(8), 1624-1630. https://doi.org/10.1002/grl.50352

Hamadeh, H., Toor, S. Y., Douglas, P. L., Sarathy, S. M., Dibble, R. W., & Croiset, E. (2020). Análise técnico-econômica da combustão oxi-combustível pressurizada de coque de petróleo. *Energies*. https://doi.org/10.3390/en13133463

Hatti, N., Hasegawa, K., & Akagi, H. (2009). Um acionamento de motor sem transformador de 6,6-kV utilizando um inversor PWM de cinco níveis com pinça de díodo para poupança de energia de bombas e ventiladores. *IEEE Transactions on Power Electronics*, *24*(3), 796-803. https://doi.org/10.1109/TPEL.2008.2008995

Hickok, H. N. (1985). Velocidade ajustável - uma ferramenta para economizar perdas de energia em bombas, ventiladores, sopradores e compressores. *IEEE Transactions on Industry Applications*, *IA-21*(1), 124-136. https://doi.org/10.1109/TIA.1985.349672

Hitch, M., & Dipple, G. M. (2012). Viabilidade económica e análise de sensibilidade da integração da carbonatação mineral à escala industrial nas operações mineiras. *Minerals Engineering*. https://doi.org/10.1016/j.mineng.2012.07.007

Horowitz, C. A. (2016). Acordo de Paris. *International Legal Materials*, *55*(4), 740-755. https://doi.org/10.1017/S0020782900004253

Hu, D., Hu, D., Dapeng, H., Wang, Y., & Ma, C. (2018). Simulação numérica de separador supersónico com saída axial ou tangencial em canal de refluxo. *Engenharia e Processamento Químico*. https://doi.org/10.1016/j.cep.2017.12.004

Jeong, S., Jeon, D., & Lee, Y. B. (2017). Controle de vibração de modo rígido e comportamento dinâmico do soprador turbo de rolamento magnético de folha híbrida. *Journal of Engineering for Gas Turbines and Power, 139*(5). https://doi.org/10.1115/1.4034920

Ji, X., Huang, J., Teng, L., Li, S., Li, X., Cai, W., Chen, Z., & Lai, Y. (2023). Avanços na filtragem de material particulado: Materials, performance, and application. *Green Energy & Environment, 8*(3), 673-697. https://doi.org/10.1016/j.gee.2022.03.012

Karlsen-Davies, N. D., & Aggidis, G. A. (2016). Revisão das bombas regenerativas de anel líquido e avanços no design e desempenho. *Applied Energy, 164*, 815-825. https://doi.org/10.1016/j.apenergy.2015.12.041

Kresse, G., & Hafner, J. (1993). Dinâmica molecular ab initio para metais líquidos. *Physical Review B.* https://doi.org/10.1103/physrevb.47.558

Kushwaha, O. S., Avadhani, C. V., & Singh, R. P. (2015). Preparação e caraterização de membranas bionanocompósitas autofotoestabilizadoras duráveis por UV para aplicações externas. *Carbohydrate Polymers, 123*, 164-173. https://doi.org/10.1016/j.carbpol.2014.12.062

Kushwaha, O. S., Ver Avadhani, C., Tomer, N. S., & Singh, R. P. (2014). Estudo de degradação acelerada de membranas poliméricas altamente resistentes para aplicações em energia e meio ambiente. *Avanços em Ciências Químicas*, 19-30.

Lewis, S., & Kelly, M. (2014). Mapeamento do potencial de produção de biocombustíveis em terras marginais: Differences in Definitions, Data and Models across Scales. *ISPRS International Journal of Geo-Information, 3*(2), 430-459. https://doi.org/10.3390/ijgi3020430

Li, C., Zhang, J., & Yu, W. (2018). Método de projeto de otimização ortogonal progressiva para soprador de fluxo axial de alta eficiência. *International Journal of Fluid Machinery and Systems, 11*(4), 412-423. https://doi.org/10.5293/IJFMS.2018.11.4.412

Mahdavian, S. A., Mohamadian, M., & Zeydabadi Nejad, H. (2012). Uma abordagem energeticamente eficiente para o controlo do fluxo de sopradores paralelos. *2012 11th International Conference on Environment and Electrical Engineering*, 134-139. https://doi.org/10.1109/EEEIC.2012.6221560

Mancini, F., & Basso, G. Lo. (2020). How Climate Change Affects the Building Energy Consumptions Due to Cooling, Heating, and Electricity Demands of Italian Residential Sector. *Energies.* https://doi.org/10.3390/en13020410

Mancini, F., Mancini, F., Nardecchia, F., Groppi, D., Ruperto, F., & Romeo, C. (2020). Análise da qualidade ambiental interna para otimizar os consumos de energia variando as taxas de ventilação do ar. *Sustentabilidade.* https://doi.org/10.3390/su12020482

Manna, J., Jha, P., Sarkhel, R., Banerjee, C., Tripathi, A. K., Tripathi, A. K., Tripathi, A. K., Nouni, M. R., & Nouni, M. R. (2021). Oportunidades para a produção de hidrogênio verde nas indústrias de refino de petróleo e síntese de amônia na Índia. *Jornal Internacional de Energia de Hidrogênio.* https://doi.org/10.1016/j.ijhydene.2021.09.064

Marzouq, M., Bounoua, Z., Mechaqrane, A., Fadili, H. E., Lakhliai, Z., & Zenkouar, K. (2018). Modelagem baseada em RNA e previsão da irradiação solar global diária usando parâmetros meteorológicos comumente medidos. *Série de conferências IOP: Earth and Environmental Science*, *161*, 012017. https://doi.org/10.1088/1755-1315/161/1/012017

Mascarenhas, J. dos S., Chowdhury, H., Thirugnanasambandam, M., Chowdhury, T., & Saidur, R. (2019). Análise de energia, exergia, sustentabilidade e emissão de compressores de ar industriais. *Journal of Cleaner Production*, *231*, 183-195. https://doi.org/10.1016/j.jclepro.2019.05.158

Mashiyane, T., Desai, D., & Tartibu, L. (2022). Análise dinâmica e resposta em frequência do rolamento de rolos cilíndricos de um soprador de raiz de fluxo de ar. *Cogent Engineering*, *9*(1). https://doi.org/10.1080/23311916.2021.2021837

Mehta, R. D. (1979). O projeto aerodinâmico de túneis de sopro com difusores de grande ângulo. *Progress in Aerospace Sciences*, *18*, 59-120. https://doi.org/10.1016/0376-0421(77)90003-3

Meyer, Q., Himeur, A., Ashton, S., Curnick, O., Clague, R., Reisch, T., Adcock, P., Shearing, P. R., & Brett, D. J. L. (2015). Otimização eletrotérmica em nível de sistema de células de combustível de eletrólito de polímero de cátodo aberto resfriadas a ar: Carga parasitária do ventilador de ar e esquemas para operação dinâmica. *International Journal of Hydrogen Energy*, *40*(46), 16760-16766. https://doi.org/10.1016/j.ijhydene.2015.07.040

Mimmi, G., & Pennacchi, P. (2001). Dinâmica da carga de compressão num soprador helicoidal especial: A Modeling Improvement. *Journal of Mechanical Design*, *123*(3), 402-407. https://doi.org/10.1115/1.1377016

Mittal, H., & Kushwaha, O. S. (2024a). Aprendizado de máquina em revestimentos comercializados. Em *Revestimentos Funcionais* (pp. 450-474). Wiley. https://doi.org/10.1002/9781394207305.ch17

Mittal, H., & Kushwaha, O. S. (2024b). Roteiro de Implementação de Políticas, Perspectivas Diversas, Desafios, Soluções para uma Economia de Hidrogénio de Baixo Carbono. *Green and Low-Carbon Economy.* https://doi.org/10.47852/bonviewGLCE42021846

Mittal, H., Verma, S., Bansal, A., & Singh Kushwaha, O. (2024). Perspetiva da Economia de Hidrogénio de Baixo Carbono e Transição Líquida de Energia Zero através de Células de Eletrólise de Membrana de Troca de Protões (PEMECs),

Membranas de Troca de Aniões (AEMs) e Vento para a Geração de Hidrogénio Verde. *Qeios*. https://doi.org/10.32388/9V7LLC

Mondal, Md. H. T., Hossain, Md. A., Sheikh, Md. A. M., Md. Akhtaruzzaman, & Sarker, Md. S. H. (2021). Investigação energética e exergética de um secador de fluxo misto: Um estudo de caso de secagem de grãos de milho. *Drying Technology*, *39*(4), 466-480. https://doi.org/10.1080/07373937.2019.1709077

Mondal, Md. H. T., Shiplu, K. S. P., Sen, K. P., Roy, J., & Sarker, Md. S. H. (2019). Avaliação do desempenho do secador de fluxo misto com eficiência energética em pequena escala para secagem de arroz com alta umidade. *Drying Technology*, *37*(12), 1541-1550. https://doi.org/10.1080/07373937.2018.1518914

Nadaf, A., Gupta, A., Hasan, N., Fauziya, Ahmad, S., Kesharwani, P., & Ahmad, F. J. (2022). Atualização recente sobre electrospinning e nanofibras electrospun: tendências atuais e suas aplicações. *RSC Advances*, *12*(37), 23808-23828. https://doi.org/10.1039/D2RA02864F

Nehler, T. (2018). Ligação de medidas de eficiência energética em sistemas industriais de ar comprimido com benefícios não energéticos - Uma revisão. *Renewable and Sustainable Energy Reviews*, *89*, 72-87. https://doi.org/10.1016/j.rser.2018.02.018

Olajire, A. A. (2013). Uma revisão da tecnologia de carbonatação mineral no sequestro de CO2. *Journal of Petroleum Science and Engineering*. https://doi.org/10.1016/j.petrol.2013.03.013

Østergaard, P. A., Duić, N., Noorollahi, Y., Mikulčić, H., Mikulčić, H., Wongwises, S., & Kalogirou, S. A. (2020). Desenvolvimento sustentável usando tecnologia de energia renovável. *Renewable Energy*. https://doi.org/10.1016/j.renene.2019.08.094

Ouyang, L., Ouyang, L. Z., Zhong, H., Zhong, H.-F., Li, Z., Li, Z., Li, Z., Cao, Z., Cao, Z. J., Cao, Z. J., Wang, H., Wang, H., Liu, J., Liu, J., Liu, J. W., Zhu, X., & Zhu, M. (2014). Método de baixo custo para a regeneração de borohidreto de sódio e a eficiência energética do seu processo de hidrólise e regeneração. *Journal of Power Sources*. https://doi.org/10.1016/j.jpowsour.2014.07.074

P. Singh, R., & S. Kushwaha, O. (2017). Progresso em direção à eficiência das células solares de polímero. *Advanced Materials Letters*, *8*(1), 2-7. https://doi.org/10.5185/amlett.2017.7005

Peterson, A. A., Abild-Pedersen, F., Studt, F., Rossmeisl, J., & Nørskov, J. K. (2010). Como o cobre catalisa a electroredução do dióxido de carbono em combustíveis de hidrocarbonetos. *Energy and Environmental Science*. https://doi.org/10.1039/c0ee00071j

Rezk, H., Rezk, H., Rez, H., Sayed, E. T., Sayed, E. T., Abdelkareem, M. A., Abdelkareem, M. A., Thompson, J., Olabi, A., & Olabi, A.-G. (2022). Melhoria do desempenho da célula de combustível microbiana inoculada com co-cultura usando modelagem fuzzy e otimização de Harris hawks. *International Journal of Energy Research.* https://doi.org/10.1002/er.8152

S. Kushwaha, O., V. Avadhani, C., & P. Singh, R. (2014). Efeito dos raios UV na degradação e estabilidade de membranas poliméricas de alto desempenho. *Cartas de Materiais Avançados, 5*(5), 272-279. https://doi.org/10.5185/amlett.2014.10533

Saidur, R., Rahim, N. A., & Hasanuzzaman, M. (2010). A review on compressed-air energy use and energy savings. *Renewable and Sustainable Energy Reviews, 14*(4), 1135-1153. https://doi.org/10.1016/j.rser.2009.11.013

Saleem, H., Zaidi, S. J., Ismail, A. F., & Goh, P. S. (2022). Avanços de nanomateriais para remediação da poluição do ar e seus impactos no meio ambiente. *Chemosphere, 287. ht*tps://doi.org/10.1016/j.chemosphere.2021.132083

Salvi, B. L., & Subramanian, K. A. (2015). Desenvolvimento sustentável do sector dos transportes rodoviários utilizando o sistema de energia do hidrogénio. *Renewable & Sustainable Energy Reviews.* https://doi.org/10.1016/j.rser.2015.07.030

Saravanan, A., Thamarai, P., Kumar, P. S., & Rangasamy, G. (2022). Avanços recentes em compósitos de polímeros, extração e sua aplicação no tratamento de águas residuais: A review. *Chemosphere, 308*, 136368. https://doi.org/10.1016/j.chemosphere.2022.136368

Savaresi, A. (2016). O Acordo de Paris: um novo começo? *Journal of Energy & Natural Resources Law, 34*(1), 16-26. https://doi.org/10.1080/02646811.2016.1133983

Sekar, A. D., & Manickam, M. (2019). Tendências atuais de nanofibras electrospun no tratamento de água e águas residuais. Em *Energia, Meio Ambiente e Sustentabilidade* (pp. 469-485). Springer Nature. https://doi.org/10.1007/978-981-13-3259-3_21

Sharma, G. D., Verma, M., Taheri, B., Chopra, R., & Parihar, J. S. (2023). Aspectos socioeconómicos da energia do hidrogénio: Uma revisão integrativa. *Technological Forecasting and Social Change, 192*, 122574. https://doi.org/10.1016/j.techfore.2023.122574

Shim, W., & Oh, S. (2017). Redução de custos e poupança de energia através da implementação de uma renovação óptima para o soprador do motor de um alto-forno. *WIT Transactions on Ecology and the Environment, 224*(1), 513-518. https://doi.org/10.2495/ESUS170471

Singh, R. P., & Kushwaha, O. S. (2013a). Conselho Internacional de Educação em Materiais. *Journal of Materials Education*, 79-119.

Singh, R. P., & Kushwaha, O. S. (2013b). Polymer Solar Cells: An Overview. *Macromolecular Symposia*, *327*(1), 128-149. https://doi.org/10.1002/masy.201350516

Sreekanth, M., Sivakumar, R., Sai Santosh Pavan Kumar, M., Karunamurthy, K., Shyam Kumar, M. B., & Harish, R. (2021). Bombas, sopradores e compressores de fluxo regenerativo - Uma revisão. Em *Proceedings of the Institution of Mechanical Engineers, Parte A: Journal of Power and Energy* (Vol. 235, Issue 8, pp. 1992-2013). SAGE Publications Ltd. https://doi.org/10.1177/09576509211018118

Summers, Z. M., Summers, Z. M., Fogarty, H. E., Fogarty, H. E., Leang, C., Leang, C., Franks, A. E., Franks, A. E., Malvankar, N. S., Malvankar, N. S., Lovley, D. R., & Lovley, D. R. (2010). Troca direta de electrões dentro de agregados de uma cocultura sintrófica evoluída de bactérias anaeróbias. *Science.* https://doi.org/10.1126/science.1196526

Sun, X., Mueller, S., Mueller, S., Liu, Y., Shi, H., Haller, G. L., Sanchez-Sanchez, M., van Veen, A. C., & Lercher, J. A. (2014). Sobre as vias de reação na conversão de metanol em hidrocarbonetos em HZSM-5. *Journal of Catalysis.* https://doi.org/10.1016/j.jcat.2014.06.017

Supervie, V., Barrett, M., Kahn, J. S., Musuka, G., Moeti, T. L., Busang, L., & Blower, S. (2011). Modelação de interacções dinâmicas entre intervenções de profilaxia pré-exposição & programas de tratamento: previsão da transmissão & resistência ao VIH. *Scientific Reports*, *1*(1), 185. https://doi.org/10.1038/srep00185

Terrell, R. E. (1999). Improving Compressed Air System Efficiency-Know What You Really Need (Melhorar a Eficiência do Sistema de Ar Comprimido-Saiba o que Realmente Precisa). *Energy Engineering*, *96*(1), 7-15. https://doi.org/10.1080/01998595.1999.10530444

Tijing, L. D., Yao, M., Ren, J., Park, C. H., Kim, C. S., & Shon, H. K. (2019). Nanofibras para tratamento de água e águas residuais: Avanços e desenvolvimentos recentes. Em *Energia, Meio Ambiente e Sustentabilidade* (pp. 431-468). Springer Nature. https://doi.org/10.1007/978-981-13-3259-3_20

Tlili, I., & Alkanhal, T. A. (2019). Nanotecnologia para purificação de água: membrana nanofibrosa electrospun no tratamento de água e águas residuais. *Journal of Water Reuse and Desalination*, *9*(3), 232-248. https://doi.org/10.2166/wrd.2019.057

Tu, H., Huang, M., Yi, Y., Li, Z., Zhan, Y., Chen, J., Wu, Y., Shi, X., Deng, H., & Du, Y. (2017). Nanoesferas de quitosana-rectorite imobilizadas em tapetes fibrosos de poliestireno através de técnicas alternativas de electrospinning / electrospraying para adsorção de iões de cobre. *Applied Surface Science*, *426*, 545-553. https://doi.org/10.1016/j.apsusc.2017.07.159

Uthayakumar, H., Radhakrishnan, P., Shanmugam, K., & Kushwaha, O. S. (2022). Crescimento de MWCNTs do óleo de Azadirachta indica para otimização da eficiência de remoção de cromo (VI) usando abordagem de aprendizado de máquina. *Environmental Science and Pollution Research, 29*(23), 34841-34860. https://doi.org/10.1007/s11356-021-17873-w

Van Tonder, A. J. M., Marais, J. H., & Bolt, G. D. (2014). Considerações práticas em estratégias de controlo do ponto de ajuste do compressor com eficiência energética. *Conferência Internacional 2014 sobre a Décima Primeira Utilização Industrial e Comercial de Energia*, 1-4. https://doi.org/10.1109/ICUE.2014.6904191

Vinayagam, V., kishor kumar, N. kumar, Palani, K. N., Ganesh, S., Kushwaha, O. S., & Pugazhendhi, A. (2024). Avanços recentes no desenvolvimento de sistemas de electrodeionização para a remoção de poluentes tóxicos do ambiente aquático. *Environmental Research, 241*, 117549. https://doi.org/10.1016/j.envres.2023.117549

Vinayagam, V., Murugan, S., Kumaresan, R., Narayanan, M., Sillanpää, M., Viet N Vo, D., Kushwaha, O. S., Jenis, P., Potdar, P., & Gadiya, S. (2022). Adsorventes sustentáveis para a remoção de produtos farmacêuticos de águas residuais: A review. *Chemosphere, 300*, 134597. https://doi.org/10.1016/j.chemosphere.2022.134597

Vittorini, D., & Cipollone, R. (2016a). Potencial de poupança de energia em compressores industriais existentes. *Energy, 102*, 502-515. https://doi.org/10.1016/j.energy.2016.02.115

Vittorini, D., & Cipollone, R. (2016b). Análise financeira da poupança de energia através da substituição de compressores na indústria. *Energia, 113*, 809-820. https://doi.org/10.1016/j.energy.2016.07.073

Wang, P., Lv, H., Cao, X., Liu, Y., & Yu, D.-G. (2023). Progresso recente da preparação e aplicação de nanofibras porosas electrospun. *Polymers, 15*(4), 921. https://doi.org/10.3390/polym15040921

Yin, P., & Pate, M. B. (2019). Uma comparação de energia e custo do ciclo de vida de sistemas de sopradores PSC e ECM residenciais operando em pressões excessivas devido a dutos restritivos. *Journal of Building Engineering, 22*, 305-313. https://doi.org/10.1016/j.jobe.2018.12.016

Zhang, B., Wang, T., Gu, C., & Shu, X. (2011). Projeto de otimização de lâminas e investigações de desempenho de um soprador centrífugo de velocidade específica ultrabaixa. *Science China Technological Sciences, 54*(1), 203-210. https://doi.org/10.1007/s11431-010-4121-2

Zhang, Y., Han, Y., Ji, X., Zang, D., Qiao, L., Sheng, Z., Wang, C., Wang, S., Wang, M., Hou, Y., Chen, X., & Hou, X. (2022). Purificação contínua do ar por

filtração e absorção de interface aquosa. *Nature, 610*(7930), 74-80.
https://doi.org/10.1038/s41586-022-05124-y

Zhao, G., Shi, L., Yang, G., Zhuang, X., & Cheng, B. (2023). Aerogéis fibrosos 3D de nanofibras de polímero 1D para aplicações ambientais e de energia. *Journal of Materials Chemistry A, 11*(2), 512-547. https://doi.org/10.1039/D2TA05984C

Zolkowski, J., & Glapinski, A. (2018). Pequenos passos para a poupança de energia. *Energy Engineering, 115*(4), 63-70.
https://doi.org/10.1080/01998595.2018.12016674

**Informações do autor**

Dr. Omkar Singh Kushwaha

kushwaha.iitmadras@gmail.com

Departamento de Engenharia Química e Consórcio de Energia, Instituto Indiano de Tecnologia, Madras

Chennai, Índia


Harshit Mittal

hydrogen.mit@gmail.com

Escola Universitária de Tecnologia Química, Universidade Guru Gobind Singh                                         Indraprastha

Nova Deli, Índia


Shri Kishan Mittal

nitinstrips@gmail.com

yes
**I want** morebooks!

Buy your books fast and straightforward online - at one of world's fastest growing online book stores! Environmentally sound due to Print-on-Demand technologies.

Buy your books online at
**www.morebooks.shop**

Compre os seus livros mais rápido e diretamente na internet, em uma das livrarias on-line com o maior crescimento no mundo! Produção que protege o meio ambiente através das tecnologias de impressão sob demanda.

Compre os seus livros on-line em
**www.morebooks.shop**

Printed by Books on Demand GmbH, Norderstedt / Germany